HISTOIRE DES PLANTES

—

MONOGRAPHIE

DES

PROTÉACÉES

PARIS. — IMPRIMERIE DE E. MARTINET, RUE MIGNON, 2.

HISTOIRE DES PLANTES

MONOGRAPHIE

DES

PROTÉACÉES

PAR

H. BAILLON

PROFESSEUR D'HISTOIRE NATURELLE MÉDICALE A LA FACULTÉ DE MÉDECINE DE PARIS
DIRECTEUR DU JARDIN BOTANIQUE DE LA FACULTÉ, PRÉSIDENT DE LA SOCIÉTÉ LINNÉENNE DE PARIS

ILLUSTRÉE DE 29 FIGURES DANS LES TEXTES

DESSINS DE FAGUET

PARIS

LIBRAIRIE DE L. HACHETTE ET Cⁱᵉ

BOULEVARD SAINT-GERMAIN, N° 79

LONDRES, 18, KING WILLIAM STREET, STRAND. — LEIPZIG, 3, KÖNIGSSTRASSE

—

1870

PROTÉACÉES

I. SÉRIE DES EMBOTHRIUM.

Les *Embothrium* [1] (fig. 209-215) ont les fleurs hermaphrodites et légèrement irrégulières (fig. 210, 211). Sur leur réceptacle, ou sommet

Embothrium (Oreocallis) grandiflorum.

Fig. 209. Rameau florifère ($\frac{1}{2}$).

1. Forst., *Gen.*, 15, t. 8, fig. g-m. — Lamk, t. 55, fig. 2. — R. et Pav., *Prodr. Fl. per.*
Dict., II, 354; Suppl., II, 548 (part.); *Ill.*, I, 62, t. 95, 96. — R. Br., in *Trans. Linn*

légèrement dilaté de leur pédoncule, s'insère obliquement un périanthe simple [1], coloré, composé de quatre folioles un peu dissemblables [2], rap-

Embothrium (Oreocallis) grandiflorum.

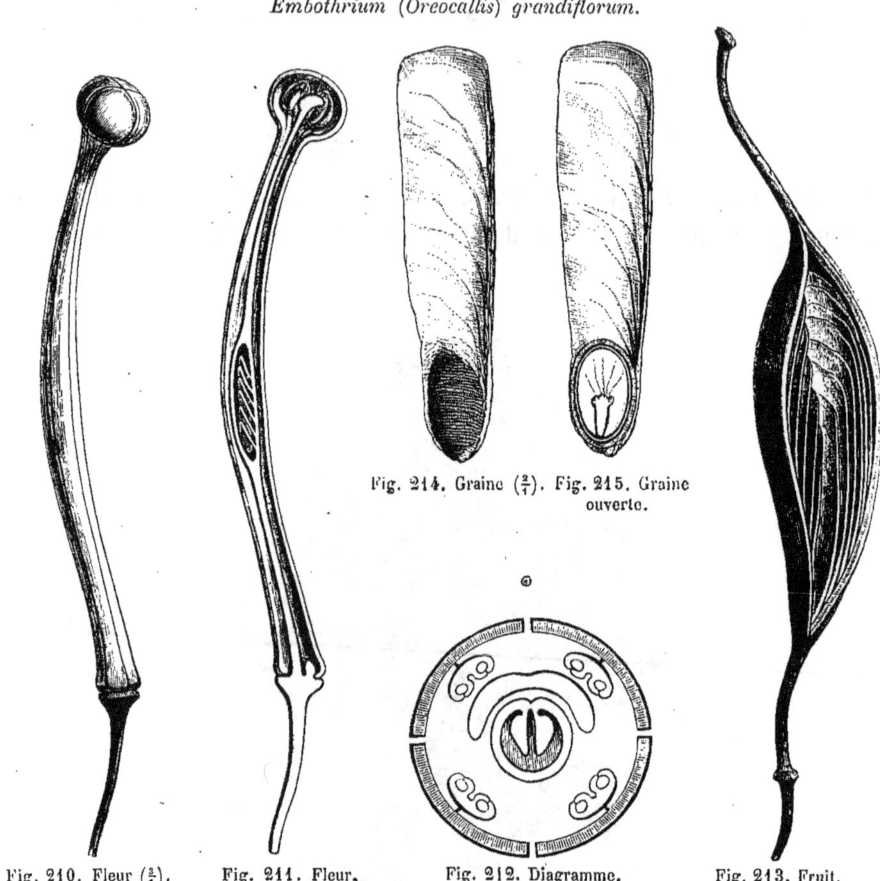

Fig. 214. Graine ($\frac{2}{1}$). Fig. 215. Graine ouverte.

Fig. 210. Fleur ($\frac{2}{1}$).

Fig. 211. Fleur, coupe longitudinale.

Fig. 212. Diagramme.

Fig. 213. Fruit.

prochées [3] inférieurement par leurs bords en un long tube, et formant supérieurement par leur rapprochement une sorte de boule. Plus tard,

Soc., X, 195.— Endl., *Gen.*, n. 2152; Suppl., IV, p. II, 88. — Meissn., in DC. *Prodr.*, XIV, 443. — *Oreocallis* R. Br., in *Trans. Linn. Soc.*, X, 48, 196.— Endl., *Gen.*, n. 2153.—Meissn., *Prodr.*, 445. — *Catas* J., ex Rœm. et Sch., *Syst.*, III, 431.

1. La signification morphologique de ce périanthe n'est pas la même pour tous les auteurs. Ceux qui le comparent au périanthe des Loranthacées, Santalacées, Olacacées, etc., le considèrent comme une corolle, différant en cela de ceux qui, à l'exemple de Jussieu, en font un calice. Sans nier les analogies des Protéacées avec les familles que nous venons de nommer, nous pensons que le mode de développement du périanthe,

tel que l'a observé Payer (*Traité d'organog. comp. de la fleur*, 473, t. 97) indique un calice plutôt qu'une corolle; car l'apparition des folioles est successive et non simultanée, comme dans les Santalacées. Sans toutefois trancher d'une façon définitive cette question, nous emploierons simplement dans nos descriptions les mots de périanthe et de folioles.

2. Principalement par leur portion inférieure; ce qui est dû à l'obliquité du réceptacle sur lequel elles s'insèrent. Comme celui-ci est coupé obliquement de haut en bas et de dedans en dehors, les folioles antérieures sont naturellement un peu plus longues que les autres.

3. Fréquemment elles demeurent unies par

les quatre folioles se séparent les unes des autres, soit dans toute leur longueur, soit dans une portion variable de leur étendue [1]. L'androcée est constitué par quatre étamines, superposées chacune à une des divisions du périanthe, et insérées dans la concavité de l'espèce de cuilleron que représente leur extrémité. Chaque étamine se compose d'un filet extrêmement court, et d'une anthère basifixe, biloculaire, introrse, déhiscente par deux fentes longitudinales. Le gynécée est libre ; il est formé d'un ovaire uniloculaire, surmonté d'un style grêle, persistant, dont l'extrémité se dilate en une tête, de forme variable, stigmatifère suivant une ligne verticale ou une surface oblique [2]. Dans la loge ovarienne, on observe, sur la paroi postérieure, un placenta [3] longitudinal à deux lèvres linéaires, supportant chacune une rangée verticale d'ovules. Ceux-ci sont ascendants, anatropes [4], avec le micropyle dirigé en bas et en dehors, c'est-à-dire vers le côté antérieur de la fleur. Leur extrémité chalazique est déjà dilatée, aplatie, imbriquée avec la portion correspondante des ovules voisins. A la base de l'ovaire, du côté du placenta, se trouve un disque hypogyne, en forme de croissant charnu et glanduleux (fig. 211-212). Le fruit (fig. 213) est un follicule polysperme, ouvert à sa maturité suivant sa longueur, pour laisser échapper des graines nombreuses, ascendantes, imbriquées, renfermant, dans la portion inférieure de leurs téguments minces, un embryon charnu, dépourvu d'albumen, à radicule infère, cachée en partie par les auricules descendantes des deux cotylédons. Ces graines sont dilatées supérieurement en une longue aile membraneuse [5] (fig. 214-215). Les *Embothrium* sont des arbres et des arbustes inermes, qui habitent les régions australes de l'Amérique du Sud ; on en compte cinq

leurs sommets ; tandis que, vers le milieu de leur hauteur, deux d'entre elles se séparent l'une de l'autre, et laissent sortir par cette fente une portion du style. Son sommet stigmatifère reste longtemps encore engagé entre les étamines et les portions du périanthe qui répondent aux anthères. Il arrive cependant aussi que ces portions se détachent l'une de l'autre. Les folioles commencent alors à se réfléchir ou à se révoluter, et le même fait se produit dans un grand nombre de plantes de cette famille.

1. Le bourrelet qui entoure la base du périanthe n'est qu'une dilatation du sommet du pédoncule, dilatation qui se retrouve dans presque toutes les plantes de cette famille.

2. C'est là la seule différence qui existe réellement entre les *Embothrium* proprement dits et les *Oreocallis*, qu'on en a distingués comme genre, et qui ont une surface stigmatifère en forme d'ellipse ou de bouclier, plus ou moins plane, ou convexe et oblique. Mais ces différences ne sauraient, à aucun titre, constituer des caractères génériques, car elles se rencontrent dans les diverses espèces d'autres genres extrêmement naturels.

3. Comme dans les Légumineuses, il répond à l'intervalle des deux folioles postérieures du périanthe.

4. Ils ont deux enveloppes.

5. Cette aile, mince, translucide, est parcourue par des faisceaux fibro-vasculaires qui aboutissent, d'une part, à ceux du raphé, et, d'autre part, à la chalaze, et qui, selon les espèces, suivent une marche différente dans l'aile et forment des courbes très-capricieuses, attendu qu'ils se dévient plus ou moins de leur direction primitive, pendant le développement de l'appendice membraneux chalazique.

espèces [1]. Leurs feuilles sont simples, alternes, entières et pétiolées, articulées à leur base et dépourvues de stipules. Leurs fleurs sont réunies en grappes terminales; et leurs pédicelles sont géminés dans l'aisselle des bractées alternes que porte l'axe principal de l'inflorescence.

A côté des *Embothrium* se placent les trois genres : *Telopea*, *Lomatia* et *Stenocarpus* [2], qui possèdent, d'une manière générale, la même organisation florale, le même fruit et les mêmes graines. Mais les premiers ont des inflorescences terminales, en grappes courtes, capituliformes, entourées d'un involucre composé de grandes bractées colorées. Le périanthe se fend souvent d'un seul côté, et son limbe représente alors une lèvre quadrifide. Le disque y est formé d'une collerette glanduleuse, presque circulaire. Les *Lomatia* ont le même périanthe, un disque formé, non d'une seule pièce, mais de trois glandes, dont une dorsale, et les deux autres latérales. Leurs fleurs sont disposées en grappes, sans involucre; leurs feuilles sont souvent pinnatidentées ou laciniées. Les *Stenocarpus* ont des fleurs de *Telopea* ou de *Lomatia*, réunies en ombelles sur un pédoncule commun axillaire, terminal, ou porté sur le bois de la tige ou des branches. Leur follicule est extérieurement semblable à celui des *Embothrium*; mais la portion embryonifère de leurs graines ascendantes est tout à fait à la partie supérieure, tandis que l'aile répond à toute la portion inférieure de la semence. Sauf quelques *Lomatia* américains, toutes ces plantes appartiennent à l'Océanie, surtout à l'Australie.

Dans les *Knightia*, les caractères généraux sont ceux des genres précédents. Mais les fleurs sont tout à fait régulières; et les graines sont moins nombreuses; car il n'y a guère dans chaque loge que quatre ovules disposés sur deux séries verticales. La direction des semences est d'ailleurs la même que dans les *Embothrium*, et leur région chalazique est également prolongée en aile. Les *Knightia* sont océaniens.

Les deux types *Cardwellia* et *Darlingia*, très-voisins l'un de l'autre, sont des genres australiens et doivent être rangés dans la même série, parce que leurs ovules anatropes sont nombreux; mais l'insertion de ces ovules se fait sur un placenta qui a la forme d'un fer à cheval, plus ou moins arqué, à concavité supérieure.

Le genre *Buckinghamia*, dont on ne connaît qu'une espèce, australienne aussi, a un ovaire pluriovulé; mais comme, en même temps, tous

<hr>

1. L. FIL., *Suppl.*, 128.—FORST., in *Comm. Soc. reg. gœtt.*, IX, 24. — CAV., *Icon.*, I, 63, t. 65. — R. et PAV., *Fl. per.*, I, 62, t. 95, 96. — LAMK, *Dict.*, II, 354. — GAY (C.), *Fl. chil.*, V, 305. — HOOK F., *Fl. antarct.*, II, 341. — KL., in *Linnœa*, X, 474 (*Oreocallis*). — *Bot. Mag.*, t. 4856. — WALP., *Ann.*, I, 592 (*Oreocallis*).

2. Ici, comme dans les Papilionacées, et pour les mêmes raisons, les détails bibliographiques relatifs à chaque genre seront placés à la suite de la caractéristique latine du *Genera* (p. 410).

ses autres caractères sont ceux des *Grevillea*, il devient impossible de placer ces derniers dans une série distincte de celle des *Embothrium*.

Les *Grevillea*[1] (fig. 216-224) ont des fleurs régulières ou irrégulières[2]. Leur réceptacle a, dans le premier cas, la forme d'un cône droit vers la

Grevillea Thelemanniana.

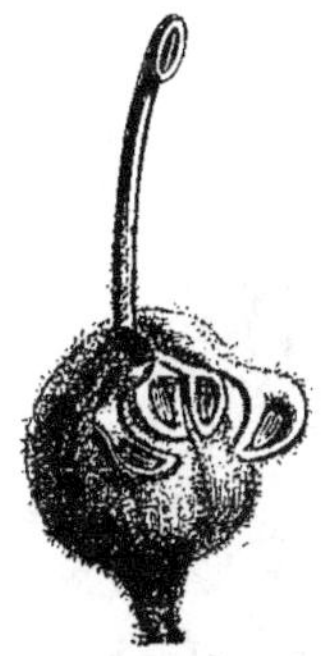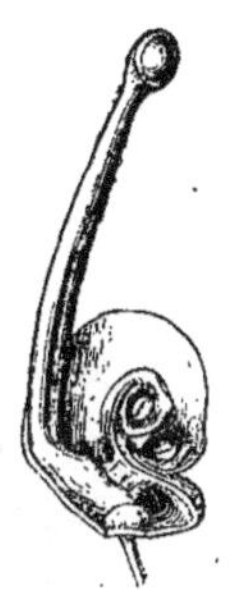

Fig. 216. Rameau florifère.   Fig. 217. Fleur (⁴⁄₁).   Fig. 218. Fleur, coupe longitudinale.

base duquel s'insèrent à la même hauteur les folioles égales du périanthe (fig. 220). Dans le second cas, il est oblique et il paraît comme coupé en un biseau plus ou moins long. Cette forme entraîne l'inégalité des folioles du périanthe. Celles-ci sont tantôt rapprochées en un tube droit, plus ou moins renflé dans leur portion supérieure qui répond aux anthères; tantôt, au contraire, elles forment une enveloppe arquée, révolutée; et souvent deux d'entre elles s'écartent l'une de l'autre, à une hauteur variable de leurs bords, pour laisser passer une portion du style (fig. 223), tandis que son extrémité stigmatifère est retenue entre les étamines[3] et le sommet non épanoui du périanthe. Le gynécée s'insère au centre du réceptacle, dans les espèces à périanthe régulier ou légèrement irrégulier. Dans les espèces dont le périanthe a une base très-oblique, celle du

<hr>

1. R. BR., in *Trans. Linn. Soc.*, X, 49, 168; *Prodr.*, 375; Suppl., 17.— ENDL., *Gen.*, n. 2143. — MEISSN., *Prodr.*, 349, 698. — H. BN, in *Adansonia*, IX, fasc. 8. — *Lyssanthe* KN. et SALISB., *Prot.*, 117 (nec R. BR.). —*Stylurus* KN. et SALISB., *op. cit.*, 115 (nec RAFIN.). — *Anadenia* R. BR., *loc. cit.*, 165, 374. — ENDL., *Gen.*, n. 2142. — *Manglesia* ENDL. *Gen.*, n. 2142[1].

2. Ce qui montre le peu de valeur des genres fondés sur ce caractère.

3. Le pollen est plat et triangulaire, avec trois grosses papilles sur les angles, dans le *G. linearis* R. BR., d'après R. BROWN et M. H. MOHL (in *Ann. sc. nat.*, sér. 2, III, 344). Nous avons

observé celui du *G. glabrata* MEISSN., *Prodr.*, 391, n. 170 (*G. Manglesii* Hort.; — *Manglesia glabrata* LINDL., *Swan Riv.*, 37;—*M. cuneata* ENDL., *Nov. stirp. Dec.*, I, 25, not.) (fig. 219-222). Les grains ont la forme générale de ceux des Onagraires, avec des bords un peu amincis. Aux trois sommets obtus répond une sorte de calotte, au niveau de laquelle se produit parfois très-rapidement un tube pollinique, au contact de l'eau. La surface est lisse ou très-finement ponctuée, parfois saillante vers le milieu des deux faces. Il y a des grains exceptionnellement quadrangulaires, ou à trois angles inégaux, le plus petit des trois disparaissant même quelquefois complétement.

pistil devient oblique également, et quelquefois même dans une étendue considérable [1]. A la base du pied de l'ovaire se trouve un disque hypogyne, tantôt annulaire, tantôt, et c'est le cas le plus fréquent, semi-annulaire, en forme d'écaille ou de fer à cheval, répondant au côté placentaire du gynécée. L'ovaire est uniloculaire, surmonté d'un style arqué ou rectiligne, dilaté vers son sommet d'une façon très-variable (fig. 217. 218, 222, 224) et terminé par une tête stigmatifère, droite ou oblique,

Grevillea (Manglesia) glabrata.

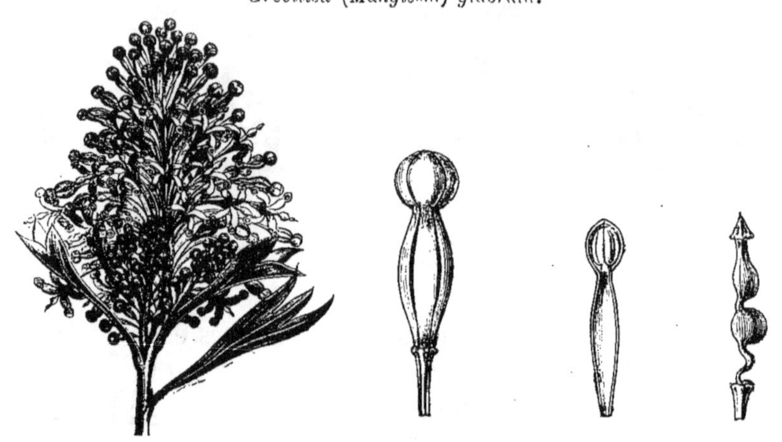

Fig. 219. Inflorescence.   Fig. 220. Fleur ($\frac{1}{1}$).   Fig. 221. Foliole   Fig. 222.
du périanthe et étamine.   Gynécée ($\frac{1}{1}$).

convexe, plane ou même concave en dessus. L'ovaire ne renferme jamais que deux ovules collatéraux, ascendants, plus ou moins complétement anatropes, avec le micropyle tourné en bas et en dehors [2]. Le fruit est coriace ou ligneux, uni ou bivalve, mono- ou disperme. Quand il y a deux graines, elles sont collatérales, insymétriques, plus aplaties sur la face par laquelle elles se touchent que sur l'autre face, et bordées, au point de jonction de ces deux faces, d'un petit bourrelet plus ou moins saillant ou charnu, ou d'une aile qui peut même faire le tour de la graine entière. Celle-ci renferme sous ses téguments un gros embryon charnu, à radicule infère, sans albumen. Les *Grevillea* sont des arbres ou des arbustes océaniens; la plupart de leurs espèces sont australiennes. Leurs feuilles sont alternes, ordinairement persistantes, glabres ou chargées de poils particuliers [3], plates ou cylindriques, entières ou plus ou moins

1. C'est dans ces cas que le pied de l'ovaire paraît soudé, dans une grande étendue, avec un côté du périanthe; il est, en réalité, inséré sur un très-long réceptacle, inégalement développé, et comme taillé en biseau étroit.

2. Ils ont deux enveloppes.

3. Ils sont souvent de ceux qu'on appelle *pili medifixi*.

découpées. Leurs fleurs sont rarement solitaires ou géminées au sommet des rameaux ou à l'aisselle des feuilles. Bien plus ordinairement elles sont disposées en grappes simples ou ramifiées, axillaires ou terminales. Les fleurs sont ordinairement géminées dans l'aisselle de chaque bractée ; c'est ce qu'on observe dans les neuf dixièmes environ des deux cents espèces connues [1] ; elles sont rarement solitaires ou fasciculées.

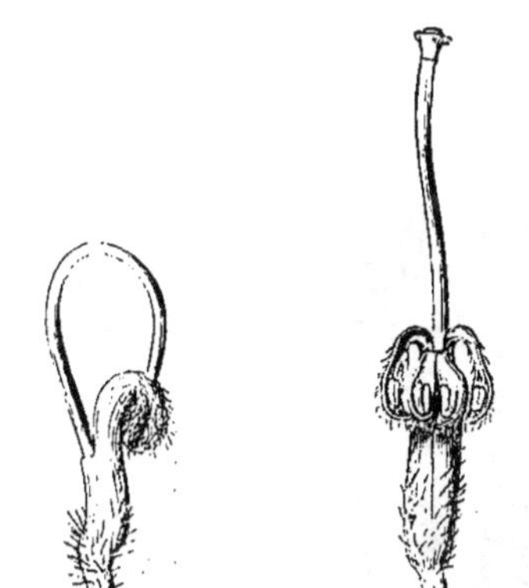

Grevillea Gaudichaudi.

Fig. 223. Fleur avant le dégagement du style. Fig. 224. Fleur.

Tout à côté de ce genre se placent les *Hakea* (fig. 225), qui n'en diffèrent que très-peu ; le genre douteux et mal connu *Molloya ;* les *Oriles*, plus les *Carnarvonia*, qui ont des feuilles digitées, et les *Xylomelum* (fig. 226), qui ont des fleurs régulières, polygames, avec deux ovules anatropes et des feuilles opposées. Les *Helicia*, très-voisins des *Xylomelum*, en diffèrent essentiellement par la nature de leur fruit, qui est charnu et qui ne s'ouvre pas à sa maturité.

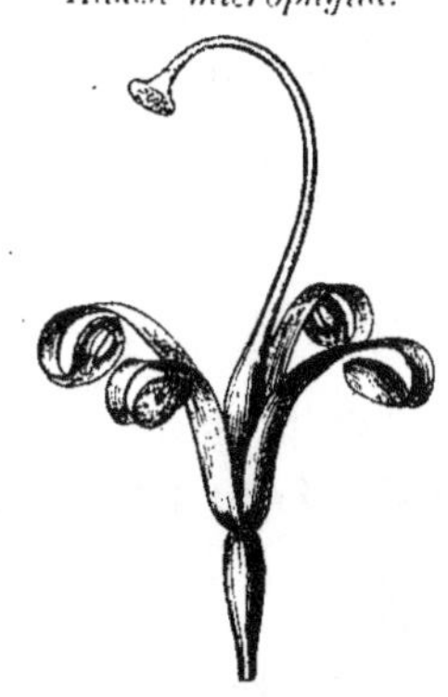

Hakea microphylla.

Les *Lambertia* ont des fleurs régulières, construites comme celles de certains *Grevillea ;* mais ils se distinguent nettement de ces derniers en ce que leurs deux ovules sont à peu près orthotropes, descendants, sans que le micropyle cesse d'être dirigé en bas. C'est là un caractère constant dans cette famille, et dont nous avons recherché ailleurs les causes [2] : le micropyle est toujours inférieur, que les ovules soient plus ou moins complétement anatropes et ascendants ; ou qu'ils deviennent orthotropes ou peu s'en faut, et que leur direction soit, par conséquent,

Fig. 225. Fleur (²⁄₁).

1. KN. et SALISB., *Prot.*, 120. — R. BR., in *Sturt Exp. App.*, 28. — GAUDICH., in *Voy. Freycin., Bot.*, 443, t. 46. — A. CUNN., in *Field S.-Wal.*, 328. — LINDL., in *Mitch. Exp. eust Austral.* (1839); in *Paxt. Fl. gard.*, II, n. 386; in *Trans. Hort. Soc.* (1852), 14 ; *Swan Riv.*, 36. — SCHLECHTL, in *Linnœa*, XX, 586. — HOOK., in *Mitch. Exp. trop. Austral.*, 341; in *Hook. Journ.* (1852), 14. — MEISSN., in *Linnœa*, XXVI, 354 ; in *Hook. Journ.* (1852), 185; (1855), 73; in *Pl. Preiss.*, I, 536; II, 252. — BR. et GR., in *Ann. sc. nat.*, sér. 5, III, 199. — F. MUELL., in *Trans. phil. Soc. Vict.*, I, 21; in *Linnœa*, XXVI, 355; *Pl. rar. Melb.* (1855), 50 ; *Fragm. Phyt. Austral.*, I, 135 ; III, 145; IV, 84, 129, 176; V, 25, 90, 152; VI, 92, 205, 246. — *Bot. Mag.*, t. 1272, 2661, 3798, 5007.

2. *Mémoire sur les ovules des Protéacées*, in *Adansonia*, IX, fasc. 8.

descendante. Leur ovaire est entouré à sa base de quatre glandes, alternes avec les folioles du périanthe. Les *Roupala* se rapprochent des *Lambertia* par leurs ovules tout à fait orthotropes. Leur fruit est un follicule déhiscent suivant sa longueur. Les *Andripetalum* ont les fleurs des *Roupala*, avec un fruit drupacé, peu charnu, indéhiscent. Les *Guevina* ont les mêmes ovules orthotropes et un fruit presque sec, indéhiscent ; mais leur fleur présente une légère irrégularité, parce que le périanthe s'insère obliquement sur le réceptacle, les deux folioles antérieures du périanthe s'attachant plus bas que les deux postérieures. La même irrégularité se retrouve dans le disque, qui disparaît complétement ou à peu près en arrière, et n'est plus représenté que par les deux glandes antérieures [1]. Enfin les *Bellendena*, dont la fleur redevient presque régulière, n'ont plus de disque hypogyne. Leurs ovules sont orthotropes et descendants, mais superposés l'un à l'autre, ou peu s'en faut ; et leur fruit, sec et indéhiscent, est surmonté d'une sorte de crochet formé par la base persistante du style.

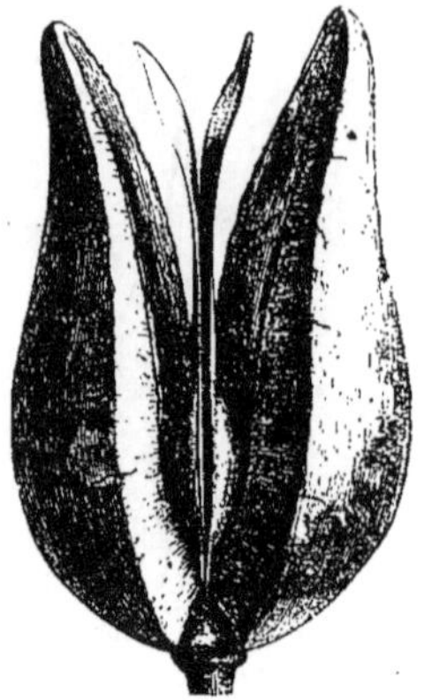

Xylomelum piriforme.

Fig. 226. Fruit ouvert.

II. SÉRIE DES BANKSIA.

Les *Banksia* [2] (fig. 227-231) ont les fleurs régulières et hermaphrodites. Leur périanthe a quatre folioles, valvaires, libres ou unies dans

1. Les *Adenostephanus* (KL., in *Linnœa*, XV, 51 ; — ENDL., *Gen.*, n. 2149 ; — MEISSN., *Prodr.*, 436 ; — *Euplassa* SALISB.; — *Dickneckeria* VELLOZ., *Fl. flumin.*, I, t. 105 ; — *Didymanthus* KL.), dont le fruit est inconnu, nous paraissent devoir rentrer dans le genre *Guevina* ; car ils en ont les feuilles, les inflorescences et le port, avec des fleurs aussi légèrement irrégulières à leur base. En même temps leur disque, quoique décrit comme entourant toute la base du pistil, n'est pas complétement régulier ; il manque certainement en arrière, dans les quelques espèces que nous avons pu examiner. Là se trouve un sillon vertical, profond et étroit, au niveau duquel le tissu glanduleux disparaît sur une très-faible étendue. On a décrit huit espèces brésiliennes et guyanaises de ce genre (voy. MEISSN., in *Mart. Fl. bras.*, *Prot.*, 92, t. 34-

36). C'est encore ici que devront peut-être se placer les *Kermadecia* (BR. et GR., in *Bull. Soc. bot.*, X, 228 ; in *Ann. sc. nat.*, sér. 5, I, 344 ; in *Nouv. Arch. Mus.*, IV, 10, t. 4), dont on connaît trois espèces néo-calédoniennes. Leur fleur est celle des *Guevina*, avec un périanthe inséré obliquement à sa base, et un disque antérieur, à peu près semi-circulaire. Les feuilles sont simples, comme dans les *Andripetalum* et comme dans certains *Roupala* ; mais ce dernier caractère ne saurait avoir une valeur générique. Le fruit, mal connu, est probablement indéhiscent, comme celui des *Guevina*.

2. L. FIL., *Suppl.*, 127 (nec FORST., nec BRUCE, nec DOMB., nec KŒN.) — LAMK, *Dict.*, I, 368. — R. BR., in *Trans. Linn. Soc.*, X, 202 ; *Prodr.*, 391 ; *Suppl.*, 34. — ENDL., *Gen.*, n. 2157. — MEISSN., *Prodr.*, 451.

leur portion inférieure; quatre étamines, réduites à peu près aux
anthères, qui sont biloculaires, introrses, déhiscentes par deux fentes longitudinales [1], et insérées, comme dans tous les genres précédents, dans

Banksia ericifolia.

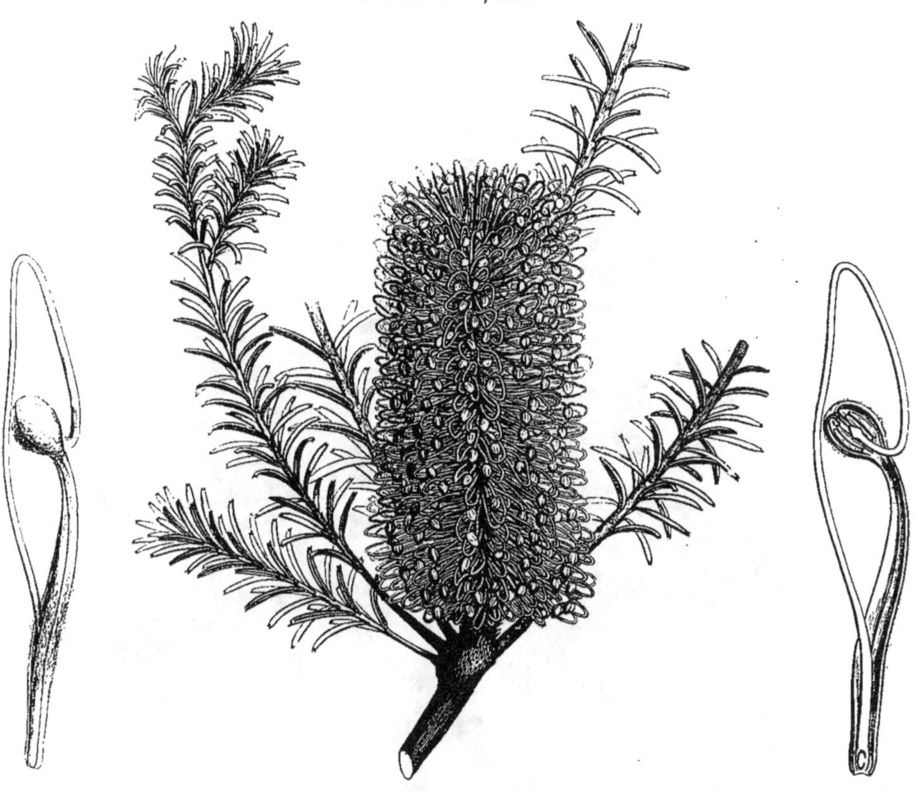

Fig. 228.
Fleur ($\frac{3}{1}$).

Fig. 227. Rameau florifère ($\frac{2}{3}$).

Fig. 229. Fleur,
coupe longitudinale.

la concavité, voisine du sommet, des folioles du périanthe. Le gynécée,
entouré de quatre glandes hypogynes, se compose d'un ovaire sessile,
biovulé, surmonté d'un style long et grêle, à sommet stigmatifère.
Viennent maintenant les caractères qui ont fait considérer le genre
Banksia comme le type d'une série ou tribu particulière. Le placenta,
pariétal et postérieur, supporte deux ovules collatéraux, ascendants,
incomplétement anatropes, avec le micropyle dirigé en bas et en dehors.
Le fruit (fig. 230, 231) est composé ; l'axe commun de l'inflorescence
s'épaissit et devient ligneux, de manière à constituer une sorte de cône
ou de strobile allongé, portant un nombre considérable de follicules

1. R. BROWN a décrit le pollen de plusieurs *Banksia* comme formé de grains elliptiques.

ligneux, entourés de vestiges des fleurs, et en partie plongés dans la sub-
stance de l'axe, comprimés, bivalves, s'ouvrant par une fente ordinairement transversale ou oblique. Chacun de ces follicules est partagé en
deux demi-loges par une fausse-cloison ligneuse et bifide, libre, formée
par l'union des téguments des deux graines collatérales, épaissis à leur

Banksia serrata.

Fig. 230. Rameau fructifère ($\frac{1}{2}$).

point de contact. Les graines sont aplaties, entourées d'une aile plus ou
moins développée; et leur portion centrale, qui contient un embryon
dépourvu d'albumen, est à demi-plongée dans une cavité de la fausse-
cloison. Les *Banksia* sont des arbres et des arbustes australiens et
tasmaniens. Leurs feuilles sont alternes ou verticillées, de forme variable, rigides et coriaces, de consistance souvent sèche. Ordinairement
leur limbe présente une surface plane, avec des bords à peine réfléchis.
Quelquefois cependant ces bords s'enroulent étroitement en dessous; de

sorte que la feuille devient à peu près cylindrique, comme celle de plusieurs *Grevillea* et *Hakea*. Rarement ces bords
sont tout à fait entiers ; plus souvent le limbe est
incisé ou pinnatifide. Dans les jeunes plantes,
les feuilles sont assez fréquemment polymorphes.
Les fleurs sont réunies en épis terminaux ou
subaxillaires, qu'accompagnent souvent plusieurs feuilles rapprochées de leur base. Cet
involucre, lorsqu'il existe, est formé d'un petit
nombre d'appendices qui ne sont point étroitement imbriqués entre eux, comme il arrive dans
les *Telopea*, les *Protea*, etc. Les fleurs sont géminées dans l'aisselle d'épaisses bractées alternes.
Chaque fleur est en outre accompagnée d'une
bractéole plus étroite et plus mince. On a décrit une soixantaine d'espèces [1] de ce genre, avec

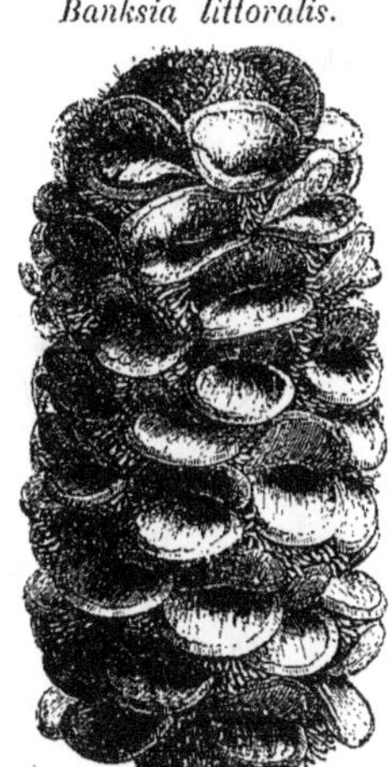
Banksia littoralis.

Fig. 231. Fruit ($\frac{2}{7}$).

lequel on place, dans cette série, les deux genres très-voisins *Dryandra*
et *Hemiclidia*.

III. SÉRIE DES PERSOONIA.

Les *Persoonia* [2] (fig. 232) ont les fleurs régulières et hermaphrodites.
Leur périanthe est formé de quatre folioles valvaires, libres ou unies
inférieurement. Leur androcée se compose de quatre étamines, superposées aux divisions du périanthe sur lesquelles elles sont portées. Mais
ces étamines, dont l'anthère est biloculaire et introrse, ont un filet distinct et libre dans une certaine étendue. Quatre glandes hypogynes,
alternes avec les folioles du périanthe, accompagnent la base de l'ovaire
que surmonte un style exsert, à extrémité stigmatifère tronquée ou
dilatée. Dans la loge ovarienne, on observe un ou deux [3] ovules descendants, orthotropes, à micropyle inférieur. Le fruit est une baie ou

1. Cav., *Icon.*, VI, 28, t. 542. — Labill.,
Voy., I, 412, t. 23 ; *Nouv.-Holl.*, I, 118. —
W., *Spec.*, I, 535. — Hoffmsg, *Verz. Nacht.*,
II, 64. — Dietr., *Gartenl.*, II, 150. — Sm.,
N.-Holl., I, 13, t. 4.—Lindl., *Swan Riv.*, 34.
— Lehm., *Pl. Preiss.*, I, 582. — Meissn., in
Lehm. Pl. Preiss., II, 264; in *Hook. Journ.*,
(1852), 210; (1855), 118. — F. Muell.,
Fragm., IV, 107, 177.—Walp., *Ann.*, III, 333.

2. Sm., in *Trans. Linn. Soc.*, IV, 215 ;
Exot. Bot., II, t. 83. — R. Br., in *Trans.
Linn. Soc.*, X, 160 ; *Prodr.*, 371 ; Suppl., 12.
— Gærtn., *Fruct.*, III, 218, t. 220. — Endl.,
Gen., n. 2138. — Meissn., *Prodr.*, 329. —
Pentadactylon Gærtn., *loc. cit.* — *Linkia* Cav.,
Icon., IV, 61, t. 189 (nec Pers.).

3. Et cela souvent sur la même plante et sur
une même branche.

une drupe à noyau peu épais, dont la loge est partagée par une fausse-cloison en deux cavités, contenant chacune une graine dans les fruits dispermes. Les graines renferment sous leurs téguments un embryon [1]

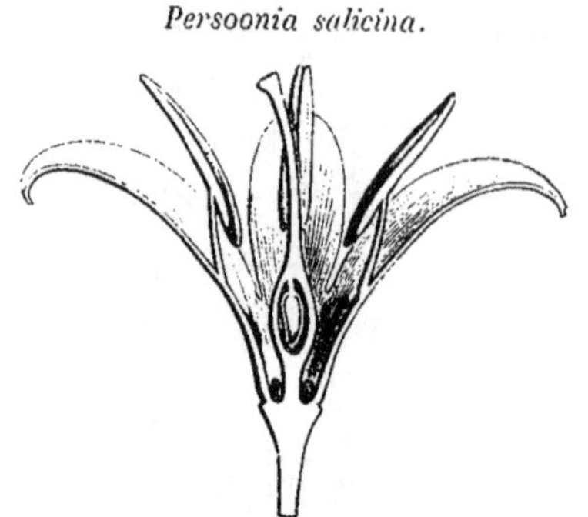

Persoonia salicina.

Fig. 232. Fleur, coupe longitudinale ($\frac{3}{1}$).

charnu, dépourvu d'albumen. Les *Per-soonia* sont des arbres et des arbustes, à feuilles ordinairement alternes, simples, entières, coriaces, et à fleurs [2] axillaires, pédonculées, solitaires ou peu nombreu-ses, rarement réunies en grappes termi-nales, alors que les feuilles des rameaux sont remplacées par des bractées. On en a décrit soixante-dix espèces environ [3], toutes originaires de l'Australie et de la Nouvelle-Zélande.

A côté des *Persoonia* se placent cinq genres très-analogues : les *Symphyonema*, qui ont, comme eux, les ovaires indifféremment uni- ou biovulés, et les *Faurea*, *Brabejum*, *Cenarrhenes* et *Agastachys*, dont l'ovule est toujours solitaire. Il est d'ailleurs ortho-trope dans tous ces genres, dont trois (le premier et les deux derniers) sont océaniens, et les deux autres originaires de l'Afrique australe.

IV. SÉRIE DES FRANKLANDIA.

Cette série n'est formée que du genre *Franklandia* [4] (fig. 233), dont la seule espèce connue [5] a des fleurs régulières et hermaphrodites. Leur long périanthe est hypocratérimorphe, tubuleux à sa base. Son limbe s'étale en quatre lobes aigus, indupliqués dans le bouton. Plus bas, les quatre folioles sont libres dans la moitié supérieure environ de la portion tubuleuse du périanthe. Là se cachent les quatre étamines, qui adhèrent au périanthe, et par leurs filets, et par la presque totalité de leurs longues

1. Le nombre des cotylédons est assez sou-vent supérieur à deux, comme l'a constaté R. Brown dès 1809.

2. De couleur jaunâtre.

3. Pers., *Syn.*, I, 118. — Sm., *Exot. Bot.*, II, 47, t. 83. — Labill., *Nouv-Holl.*, I, 33, t. 45. — Grah., in *James. N. phil. Journ.* (1828), 177. — Andr., *Bot. Repos.*, t. 74, 77. — Hook., *Icon.*, t. 425. — A. Cunn., in *Bot. Mag.*, t. 3513; in *Field N. South Wal.*, 329. — Lindl., *Swan Riv.*, 35, n. 172, 174. — Kipp., in *Hook. Journ.* (1855), 72.—Hook. f.,

in *Hook. Journ.*, VI, 283. — Meissn., in *Hook. Journ.* (1852), 185; (1855), 74. — F. Muell., *Fragm.*, V, 37; VI, 220. — Walp., *Ann.*, I, 590.

4. R. Br., in *Trans. Linn. Soc.*, X, 48, 157; *Prodr.*, 370; *Gen. Rem. on Bot. of Terr. austral.*, 604, t. 6; Suppl., 11.— Endl., *Gen.*, n. 2134; *Iconogr.*, t. 52. — Meissn., *Prodr.*, 327.

5. *F. fucifolia* R. Br., *loc. cit.* — Meissn., in *Plant. Preiss.*, I, 530. — F. Muell., *Fragm.*, VI, 223.

anthères biloculaires et introrses, déhiscentes de bonne heure par deux fentes longitudinales [1]. Le gynécée est formé d'un ovaire à base très-atténuée, à sommet dilaté et tronqué ou même légèrement concave. Un seul ovule est inséré dans la cavité ovarienne, non loin de son sommet; il est descendant et ortho-trope. Le style est grêle, terminé par une petite tête stigmatifère. Autour de l'ovaire, la fleur présente encore un disque de quatre languettes triangulaires, alternes avec les divi-sions du périanthe, et qui, s'élevant ensemble autour du gynécée, for-ment une sorte de toit à quatre pans, dont le sommet, traversé par le style, est partagé en quatre lan-guettes. Le fruit est sec, dilaté à son sommet en une cupule entourée de poils; il est protégé par la portion inférieure, persistante, du périanthe, et il renferme une graine dont l'em-bryon charnu a des cotylédons su-pères et très-courts. Le *Franklandia* est un arbuste australien, glabre, tout chargé, sur ses rameaux, ses feuilles, ses périanthes, de saillies verruqueuses et glanduleuses. Les feuilles sont étroites, filiformes, cylindroïdes, profondément et dichoto-miquement laciniées; leurs fines divisions ressemblent à des rameaux grêles. Les fleurs sont disposées en grappes lâches, alternes, avec un pédicelle court et épais, accompagné d'une ou deux courtes bractées.

Franklandia fucifolia.

Fig. 233. Fleur, coupe longitudinale ($\frac{2}{1}$).

V. SÉRIE DES PROTÉES.

Les Protées [2] (fig. 234) ont les fleurs régulières et hermaphrodites. Leur périanthe est formé de quatre folioles valvaires. L'une d'elles se

1. Le pollen est elliptique, d'après R. BROWN (in *Trans. Linn. Soc.*, X, 31) et M. H. MOHL (in *Ann. sc. nat.*, sér. 2, III, 314).

2. *Protea* L., *Gen.*, ed. 1, n. 59. — J., *Gen.*, 78. — R. BR., in *Trans Linn. Soc.*, X, 48, 74. — SM., *Exot. Bot.*, I, t. 44; II, t. 81. — ENDL., *Gen.*, n. 2123. — MEISSN., *Prodr.*, 230, 698. — *Conocarpus* BOERH., ex ADANS.,

sépare des autres lors de l'anthèse, de manière à partager le périanthe en deux lèvres inégales. Les anthères, au nombre de quatre, sont insérées chacune dans la concavité voisine du sommet dilaté d'une des

Protea cynaroides.

Fig. 234. Rameau florifère ($\frac{1}{2}$)

folioles du périanthe ; elles sont introrses, biloculaires, apiculées, déhiscentes par deux fentes longitudinales[1]. L'ovaire, entouré de quatre languettes ou écailles hypogynes, est uniloculaire et renferme un ovule ascendant, plus ou moins complétement anatrope, avec le micropyle tourné en bas et en dehors ; il est surmonté d'un style droit ou arqué, à extrémité stigmatifère cylindrique ou subulée, parfois géniculée ; souvent aplati ou dilaté à sa base, persistant. Le fruit est sec, indéhiscent, chargé de poils, surmonté du style desséché ; il renferme une graine ascendante, à embryon charnu, dépourvu d'albumen. Les Protées sont de petits arbres ou des arbustes, à feuilles alternes, coriaces, rigides, souvent entières. Leurs fleurs sont réunies au sommet des rameaux, rarement sur les côtés du tronc ou des branches, en gros capitules dont le réceptacle est globuleux, hémisphérique, turbiné ou oblong. Les feuilles s'y transforment graduellement en bractées, imbriquées, coriaces, ordinairement colorées et formant un involucre comparable à celui des Composées, puis en écailles ou paléoles, libres ou connées, dont les fleurs occupent l'aisselle. On

Fam. des pl., II, 284 (nec GÆRTN.). — *Lepidocarpodendron* BOERH., *Lugd.-bat.*, 35 (part.). — *Scolymocephalus* HERM., *Dendr.*, t. 9 (part.). —*Vionæa* NECK., *Elem.*, n. 187.— *Erodendron* SALISB., *Par. lond.*, 67, 70, 108. — *Pleuranthe* SALISB., *loc. cit.* — *Gagnedi* BRUCE, *Abyss.*, V, 52. — *Chrysodendron* VAILL., herb. (ex MEISSN.).

[1]. Dans les *P. acaulis* et *melliflora*, R. BROWN (in *Trans. Linn. Soc.*, X, 31) a vu le pollen formé de grains aplatis et triangulaires, comme celui des *Grevillea*. Remarquons qu'il n'en est pas toujours ainsi dans les *Dryandra*, d'ailleurs si voisins des Protées. Les grains de pollen du *D. formosa* nous ont paru ellipsoïdes, lisses, et de plus un peu arqués suivant leur longueur.

en connaît une soixantaine d'espèces [1] qui habitent l'Afrique australe et orientale.

A côté des Protées se placent un assez grand nombre de genres dont l'organisation fondamentale est analogue, et qui, pour la plupart, faisaient autrefois partie du genre *Protea*, dont les botanistes modernes les ont détachés. Ils ne s'en distinguent que par des caractères secondaires : la disposition des inflorescences, la forme du périanthe, son mode de déhiscence lors de l'anthèse, la diclinie des fleurs, la configuration de l'extrémité stigmatifère du style, la forme et la consistance du fruit. Ce sont les genres : *Leucospermum*, *Mimetes*, *Aulax*, (?) *Dilobeia*, *Leucadendron* (fig. 235), *Nivenia*, *Sorocephalus*, *Serruria*, *Petrophila*, *Isopogon*, *Spatalla* et *Adenanthos*, les uns africains, les autres australiens.

Leucadendron virgatum.

Fig. 235. Diagramme.

VI. SÉRIE DES STIRLINGIA.

Les *Stirlingia* [2] (fig. 236, 237) sont des Protéacées à fleurs régulières, hermaphrodites, et à étamines syngénèses. Leur périanthe a quatre folioles, libres dans leur portion supérieure, valvaires, puis réfléchies. Leurs étamines sont insérées sur le périanthe et se composent d'un filet libre et d'une anthère biloculaire, introrse. Chacune des loges, largement ouvertes en dedans et sur les côtés, s'unit par ses bords avec la loge correspondante de l'anthère voisine, pour former une seule cavité contenant le pollen. Celui-ci devient libre lors de la séparation des deux demi-loges appartenant ainsi à deux anthères différentes. Le gynécée se compose d'un ovaire uniloculaire, surmonté d'un style qui se dilate à son sommet en une sorte de tête concave et stigmatifère. Dans l'ovaire se trouve un seul ovule ascendant, anatrope, avec le micropyle dirigé en

1. L., *Mantiss.*, 190, 191. — THUNB., in *Mem. Ac. Petersb.* (1813-14), 548, t. 17 ; *Phyt. Blœtt.*, 14 ; *Dissert.*, n. 29, 36, 37, 49, 51, 52, 60 ; *Fl. cap.*, 130, 132, 137, 140, 507. — LAMK, *Dict.*, V, 638 ; Suppl., IV, 555 (part.); *Ill.*, t. 54, fig. 1, 3. — W., *Spec.*, I, 522. — SALISB., *Par. lond.*, 24. — ANDR., *Bot. Repos.*, t. 132, 133, 144, 437.—KL., in *Krauss Beitr.*, 140. — TAUSCH, in *Flora* (1842), I,

285. — LINDL., in *Bot. Reg.*, t. 1023. — *Bot. Mag.*, t. 346, 649, 674, 697, 698, 770, 761, 796, 878, 881, 933, 1183, 1694, 1713, 1717, 2065, 2439, 2447, 2720.

2. ENDL., *Gen.*, n. 2133 ; *Iconogr.*, t. 22.— MEISSN., *Prodr.*, 325. — *Simsia* R. BR., in *Trans. Linn. Soc.*, X, 155 ; *Prodr.*, 369 ; Suppl., 9 (nec PERS.).

bas et en dehors. Le fruit est une noix velue, monosperme. Les *Stir-lingia* sont des arbustes ou des arbrisseaux australiens; on en connaît une dizaine d'espèces [1]. Leurs feuilles sont alternes, découpées plusieurs fois et dichotomiquement en lanières filiformes ou aplaties. Leurs fleurs sont groupées en capitules solitaires ou plus souvent rapprochés en grappes simples ou ramifiées. A cette série se rapportent encore les deux genres Conosperme et *Synaphea*, remarquables surtout par l'irrégularité de leur androcée et par la direction descendante de leur ovule. Les différents termes de cette famille seraient plus comparables entre eux, si, à cause de la direction et de l'anatropie de leur ovule, ces genres étaient placés dans une série spéciale. C'est surtout à cause de la confluence des anthères voisines qu'on les réunit aux *Stirlingia*.

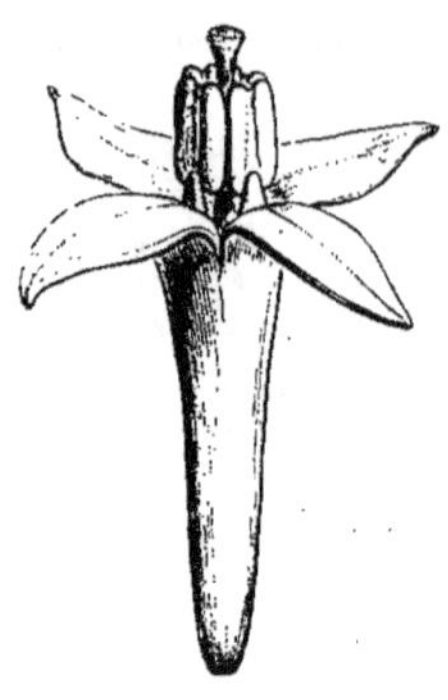

Stirlingia abrotanoides.

Fig. 236. Fleur ($\frac{4}{1}$).

Les Conospermes [2] (fig. 238) ont les fleurs régulières ou irrégulières, hermaphrodites. Leur périanthe est tubuleux, gamophylle à la base; puis il se dilate en un limbe à quatre divisions, val-vaires dans le bouton, égales ou inégales. Dans ce dernier cas, la division postérieure, plus large que les autres, se réfléchit en forme de casque ou de cuilleron (fig. 238), et constitue une sorte de lèvre postérieure, tandis que les trois divisions antérieures, plus étroites, forment une lèvre trifide. L'androcée est irrégulier; il se compose de quatre étamines, superposées aux divisions du périanthe, insérées vers sa gorge, et diffé-rentes les unes des autres. L'étamine postérieure est la plus complète de toutes; elle est formée d'un filet court et de deux loges égales, indépen-dantes l'une de l'autre et insérées chacune sur une courte branche spéciale du filet bifurqué. L'étamine antérieure a aussi un filet et une anthère à deux loges; mais celles-ci sont stériles et réduites à de très-petites lan-guettes. Quant aux étamines latérales, elles sont symétriques l'une à l'autre, et construites de telle façon que, de leurs deux loges, l'antérieure est stérile, comme celles de l'étamine antérieure qu'elle regarde, l'autre

Stirlingia simplex.

Fig. 237. Diagramme.

1. MEISSN., in *Pl. Preiss.*, I, 515; in *Hook. Journ.* (1852), 184. — LINDL., *Swan Riv.*, 30, n. 141. — F. MUELL., *Fragm.*, VI, 248.
2. *Conospermum* SM., in *Trans. Linn. Soc.*, IV, 213; *Exot. Bot.*, II, t. 45. — R. BR., in *Trans. Linn. Soc.*, X, 48, 153; *Prodr.*, 368; Suppl., 9. — ENDL., *Gen.*, n. 2132.—MEISSN., *Prodr.*, 316, 698.

étant fertile comme celles de l'étamine postérieure. Cette loge fertile
s'incline dans le bouton vers la loge de l'étamine postérieure qui lui
correspond. Toutes deux sont concaves
du côté où elles se regardent ; et, en
s'appliquant par leurs bords l'une contre
l'autre, elles forment une cavité dans
laquelle est renfermé le pollen. Celui-ci
devient libre lorsque, quelque temps
avant l'anthèse, les deux demi-loges,
appartenant à des étamines différentes,
se séparent l'une de l'autre. Il y a
donc là une sorte de syngénésie, assez
comparable à celle qui s'observe dans la
plupart des Composées. Le gynécée est
libre ; il se compose d'un ovaire uniloculaire, chargé de poils qui abondent

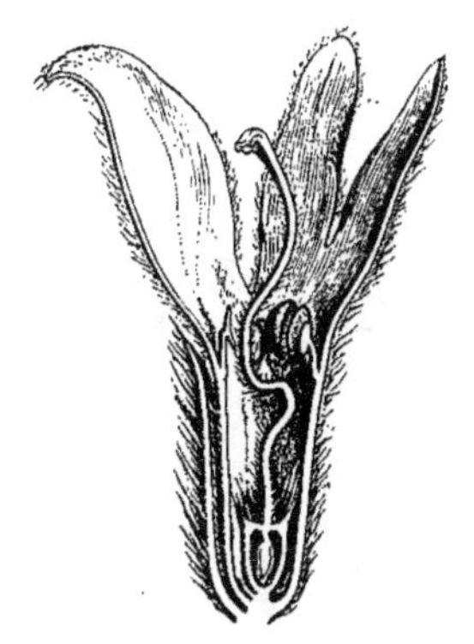

Conospermum sphacelatum.

Fig. 238. Fleur, coupe longitudinale ($\frac{4}{1}$).

surtout au pourtour de son sommet aplati horizontalement. Du centre
de cette sorte de plate-forme s'élève un style, très-grêle à sa base,
insensiblement renflé vers son sommet, qui se termine par une tête
stigmatifère oblique, et qui, dans le bouton, est plus ou moins replié sur
lui-même. L'extrémité stigmatifère demeure souvent collée, lors de l'anthèse, avec la base glanduleuse de l'anthère stérile. Dans l'ovaire
se trouve un seul ovule, descendant et orthotrope. Le fruit est
sec, indéhiscent, monosperme, chargé d'une aigrette formée par
l'accroissement des poils dont l'ovaire était couronné. L'embryon est
charnu, dépourvu d'albumen, et sa radicule est dirigée en bas.
Les Conospermes sont des arbustes australiens dont on a décrit une
quarantaine d'espèces [1]. Leurs feuilles sont alternes, simples, entières,
variables de forme ; leurs fleurs sont réunies en épis ou capitules,
simples ou composés, terminaux ou axillaires, sur lesquels les fleurs
occupent chacune l'aisselle d'une bractée persistante.

Les *Synaphea* [2] (fig. 239) peuvent être définis des *Conospermum* à fleurs [3]

1. GRAH., in *Edinb. phil. Journ.* (1826),
171. — ENDL., *Nov. stirp. Dec.*, 58. — HOOK.,
in *Mitch. Exp. trop. Austral.*, 342. — LINDL.,
Swan Riv., 30. — SCHLTL, in *Linnæa*, XX,
578. — MEISSN., in *Pl. Preiss.*, I, 518 ; II,
248 ; in *Hook. Journ.* (1852), 184 ; (1855),
71. — KIPP., in *Hook. Journ.* (1855), 70. —
F. MUELL., *Fragm.*, I, 157 ; VI, 223.

2. R. BR., in *Trans. Linn. Soc.*, X, 48, 155 ;
Prodr., 369 ; Suppl., 11 ; *Gen. Rem.*, 606, t. 7.
— POIR., *Dict.*, Suppl., V. 270 ; *Ill.*, t. 914. —
ENDL., *Gen.*, n. 2131. — MEISSN., *Prodr.*,
314.

3. Blanches ou bleues, plus rarement jaunâ-
tres, ordinairement duveteuses, comme celles
des *Conospermum.*

résupinées. C'est l'étamine fertile et biloculaire qui est, en effet, l'antérieure dans ce genre, tandis que l'étamine à deux loges stériles est la postérieure. Elle adhère fortement à la surface stigmatifère du style, qui se tourne de ce côté. Les deux étamines latérales ont aussi une loge stérile et une loge fertile ; cette dernière, adhérant à la demi-loge correspondante de l'étamine médiane fertile, doit être par conséquent la loge antérieure. Le périanthe est irrégulier, et l'ovaire renferme aussi un ovule descendant et orthotrope. Les *Synaphea* sont des arbustes australiens ; on en a décrit onze espèces [1]. Leur tige est souvent courte, avec des feuilles alternes, et des fleurs disposées en épis axillaires et terminaux , simples ou composés, souvent longuement pédonculés. Chaque fleur est placée dans l'aisselle d'une bractée sessile.

Synaphea dilatata.

Fig. 239. Diagramme.

Les Protéacées ont été élevées au rang de famille par A. L. DE JUSSIEU en 1789 [2]. On ne connaissait alors qu'un très-petit nombre de genres analogues aux *Protea* par leur organisation : les *Banksia* et les *Brabejum* de LINNÉ, l'*Embothrium* de FORSTER et le *Roupala* d'AUBLET. Un autre genre, appartenant actuellement à ce groupe, le *Guevina*, était relégué parmi les *Genera incertæ sedis.* ADANSON avait, dès 1763, placé ensemble [3] parmi les Thymélées, c'est-à-dire tout près de la famille où les rangent la plupart des botanistes de nos jours, les *Brabejum, Protea* (*Conocarpus*), *Leucadendron* (*Lepidocarpos*) et *Serruria*. C'est R. BROWN qui le premier, en 1809, constitua sérieusement et étudia, dans la plupart de ses caractères, cette belle famille, dans un mémoire demeuré célèbre [4]. Outre les genres précédemment énumérés, il n'y établit pas moins de vingt types génériques nouveaux : les *Telopea, Lomatia, Stenocarpus, Knightia, Grevillea, Orites, Bellendena, Dryandra, Hemiclidia, Symphyonema, Agastachys, Franklandia, Leucospermum, Nivenia, Sorocephalus, Petrophila, Isopogon, Simsia* [5], *Conospermum* et *Synaphea.* Il faisait en même temps rentrer dans cette famille l'*Aulax* de

---

1. LINDL., *Swan Riv.*, 32. — MEISSN., in *Pl. Preiss.*, I, 527 ; II, 251 ; in *Hook. Journ.* (1852), 183.

2. *Gen.*, 78, Ord. III, *Proteæ.*

3. *Fam. des plant.*, II, 284.

4. *On the Proteaceæ of Jussieu*, in *Trans. Linn. Soc.*, X (1809).

5. ENDLICHER l'a nommé *Stirlingia.*

Bergius [1], les *Mimetes*, *Serruria* et *Spatalla* de Salisbury [2], l'*Adenanthos* et le *Cenarrhenes* de Labillardière [3], le *Conospermum*, le *Xylomelum*, le *Persoonia* et le *Lambertia* de Smith [4], l'*Hakea* de Schrader, l'*Helicia* et le *Cylindria* de Loureiro [5]. Ainsi se trouvaient réunis, à côté des *Protea*, trente-sept des genres aujourd'hui conservés. Les huit autres sont de création beaucoup plus récente. Schott établit [6] le genre *Andripetalum*. M. Meissner ajouta à la famille, en 1855 le *Molloya* [7], et en 1856 [8] le *Potameia* de Dupetit-Thouars ; M. Harvey, en 1847 [9], le *Faurea* du Cap ; M. F. Mueller, de 1865 à 1868 [10], les quatre genres australiens : *Cardwellia*, *Darlingia*, *Carnarvonia* et *Buckinghamia*. Enfin, nous venons de démontrer [11] que le *Potameia* est une véritable Lauracée ; mais qu'un autre genre mal connu, de Dupetit-Thouars, le *Dilobeia*, doit prendre place non loin des *Aulax*. Ainsi nous conservons quarante-six genres dans cette famille.

Ces quarante-six genres contiennent environ 1000 espèces. Sur ce nombre, 270 sont spéciales à l'Afrique australe, et 87 à l'Amérique du Sud ou aux Antilles. Nous n'en connaissons qu'une au Mexique. Tout le reste, c'est-à-dire environ 650 espèces, est particulier à l'Océanie, principalement à l'Australie, et à l'Asie méridionale. Il y a douze genres africains, dont un seul, le *Dilobeia* est spécial à Madagascar. Les autres sont : les *Faurea*, *Brabejum*, *Protea*, *Leucospermum*, *Mimetes*, *Aulax*, *Leucadendron*, *Nivenia*, *Sorocephalus*, *Serruria*, *Spatalla*. Ils appartiennent presque tous au cap de Bonne-Espérance ou aux régions voisines. Un *Protea* et un *Leucospermum* seulement sont de la région abyssinienne. Remarquons que toutes ces plantes ont un ovaire uniovulé, et que, sauf dans le *Brabejum* et le *Faurea*, l'ovule est ascendant et anatrope. L'Asie austro-orientale ne possède jusqu'ici que le genre *Helicia*, lequel se retrouve en Australie et dans l'archipel Indien. En Amérique, on observe les cinq genres *Embothrium*, *Guevina*, *Roupala*, *Lomatia* et *Andripetalum*. Ces deux derniers existent aussi en Océanie. Tous les autres genres sont particuliers à cette dernière partie du monde, notamment à l'Australie, y compris Van-Diemen, la Nouvelle-Zélande.

1. *Descr. plant. ex cap. Bonæ - Spei*, etc. (1767).

2. *Par. lond.* (1806, 1807).

3. *Novæ Hollandiæ plant. Specim.* (1804-1806).

4. In *Trans. Linn. Soc.*, IV (1798).

5. *Fl. cochinch.*, ed. ulyssip. (1790).

6. Ex Endl., *Gen.*, 342 (1836).

7. In *Hook. Journ.*, VII, 75 (*Fitchia*).

8. *Prodr.*, XIV, 328.

9. In *Hook. Journ.*, VI, 373.

10. *Fragm. Phytogr. Austral.*, V, VI.

11. In *Adansonia*, IX, fasc. 8 (1870).

La Nouvelle-Calédonie paraît assez riche en Protéacées ; quatre ou cinq genres y sont représentés.

Toutes ces plantes ont quelques caractères communs et invariables, savoir : un périanthe tétramère, valvaire dans le bouton ; des étamines en même nombre que les folioles du périanthe, auxquelles elles sont superposées ; un gynécée libre, à ovaire uniloculaire ; des fruits secs et des graines dont l'embryon a la radicule infère et n'est pas accompagné d'un albumen. Les caractères qui varient sont : la conformation régulière ou irrégulière du périanthe ; le niveau auquel s'insèrent les étamines ; l'union ou l'indépendance des anthères ; l'absence ou la présence d'un disque hypogyne, qui, lorsqu'il existe, est unilatéral ou également développé tout autour du gynécée ; la forme du style et surtout de sa portion stigmatifère ; le nombre des ovules, leur direction ascendante ou descendante, leur anatropie ; ou leur orthotropie ; la consistance du péricarpe, qui est sec ou charnu, déhiscent ou indéhiscent. C'est sur ces caractères variables que sont fondées les divisions établies dans la famille des Protéacées. Depuis R. BROWN, on l'a d'abord partagée en deux grandes sections. Dans l'une, les fruits sont indéhiscents (*Nucamentaceæ*) ; dans l'autre, ils sont déhiscents (*Folliculares*). Ce caractère a l'inconvénient de placer quelquefois très-loin l'un de l'autre deux genres qu'on croirait identiques, si l'on n'avait que leurs fleurs sous les yeux. Comme exemples, nous pouvons citer les *Andripetalum* qui ont la fleur des *Roupala*, sans aucune différence appréciable, mais qui n'ont pas leurs follicules déhiscents et se trouvent par là fort éloignés d'eux dans les classifications en vogue. Les *Strangea*, qu'on dit avoir tout le port et l'inflorescence des *Persoonia*, ont les fruits déhiscents et ne peuvent être placés dans la même série qu'eux. Les *Helicia*, si semblables en même temps aux *Roupala* et aux *Knightia*, par les fleurs et les organes de végétation, sont relégués dans une série toute différente par plusieurs auteurs. D'ailleurs il y a un grand nombre d'échantillons dans les collections qu'on ne voit qu'à l'état de fleurs ; il y a un assez grand nombre de genres, plus ou moins contestés, dont on ne connaît pas le fruit mûr, et qu'on ne sait où placer s'il faut tout d'abord tenir compte de ce caractère de la déhiscence ou de l'indéhiscence du fruit. Pour ces motifs, nous basons nos divisions d'abord sur les caractères de la fleur. Dans les séries que nous avon établies, nous cherchons quel est le nombre des graines. Cela nous permet, dans les Embothriées par exemple, de distinguer deux groupes secondaires : les Embothriées proprement dites, qui ont au moins quatre graines, et les Grévilléées, qui n'en ont au plus que deux. Parmi ces dernières, les deux ovules sont tantôt orthotropes et descendants, et tantôt ascendants et anatropes ; c'est ce qui nous permet de distinguer comme genres les *Bellendena, Roupala, Lambertia,* etc., des *Helicia, Xylomelum,* dont la fleur est à peu près la même. Nous tenons compte ensuite de la régularité ou de l'irrégularité du périanthe, inséré sur une circonférence horizontale dans les *Helicia,* plus ou moins obliquement dans les *Guevina.* En dernier lieu seulement vient le caractère du fruit, qui, indéhiscent dans un *Andripetalum,* un *Helicia,* s'ouvre au contraire dans les *Xylomelum* ou les *Roupala.* Dans d'autres séries, comme celle des Stirlingiées, les genres sont distingués par d'autres caractères. L'androcée syngénèse est régulier dans les *Stirlingia,* dont les quatre anthères sont égales et fertiles. Dans les *Conospermum* et les *Synaphea,* une des quatre anthères devient tout à fait stérile ; deux autres ne sont qu'à demi fertiles ; et l'étamine à deux loges d'anthère fertiles est la postérieure dans l'un de ces deux derniers genres, l'antérieure dans l'autre.

En appliquant ces principes, nous avons divisé, comme on l'a vu, la famille des Protéacées en six séries, dont voici maintenant les caractères généraux :

I. Embothriées. — Ovules insérés sur deux séries collatérales, anatropes, ascendants, au nombre de 2-4 ou ∞. Fruit uniloculaire, déhiscent ou indéhiscent. (20 genres.)

II. Banksiées. — Ovules au nombre de deux, anatropes, ascendants. Loge du fruit partagée en deux logettes monospermes par une fausse-cloison libre, formée par l'union des téguments des deux graines collatérales. Fruit déhiscent. (3 genres.)

III. Persooniées. — Ovules au nombre d'un ou deux, orthotropes et descendants. Étamines libres, insérées vers le milieu ou à la base du périanthe. Fruit indéhiscent, à une ou deux cavités monospermes. (6 genres.)

IV. Franklandiées. — Un seul ovule, orthotrope et descendant. Étamines presque entièrement unies avec le périanthe. Périanthe régulier, indupliqué dans la préfloraison. Fruit indéhiscent. (1 genre.)

V. Protéées. — Un seul ovule, anatrope et ascendant. Anthères libres. Fruit indéhiscent. (13 genres.)

VI. Stirlingiées. — Un seul ovule, anatrope et ascendant, ou orthotrope et descendant. Étamines syngénèses. Fruit indéhiscent. (3 genres.)

Les organes de végétation présentent aussi dans ce groupe des caractères communs et des caractères différentiels. D'une manière très-générale, les Protéacées sont ligneuses, arborescentes ou frutescentes ; très-rarement ce sont des herbes [1]. Leur bois possède assez souvent des caractères tranchés, savoir : la netteté, la rectitude et la disposition régulière des rayons médullaires; la disposition alternante, dans les couches du bois, de fibres et vaisseaux ponctués ; la segmentation en îlots des fibres libériennes ; la présence de faisceaux fibreux en dedans même des trachées de l'étui médullaire ; l'existence de cellules scléreuses disséminées par masses dans l'intérieur de la moelle et jusque dans les rayons médullaires et le parenchyme cortical. Il est rare toutefois que toutes ces particularités, bien dignes d'une étude spéciale, se trouvent toutes réunies dans une même plante, comme il arrive dans certaines espèces cultivées du genre *Stenocarpus*.

Mais les feuilles sont ceux de leurs organes de végétation qui ont le plus souvent attiré l'attention des botanistes et des paléontologues. Jamais elles n'ont de stipules. Presque toujours elles sont alternes, mais quelquefois opposées, comme dans les *Xylomelum*, ou verticillées, comme dans plusieurs *Andripetalum*[2]. Leur limbe est ordinairement épais, coriace, de consistance sèche, tantôt aplati, et tantôt arrondi, cylindrique. Il est assez souvent entier, plus souvent encore découpé de différentes façons : ici denté, là pinnatifide ou pinnatiséqué ; ailleurs, simplement bilobé, avec deux lobes égaux ou inégaux, et, entre eux, un sinus vide ou dans lequel vient proéminer, comme dans les *Dilobeia*, une glande qui représente l'extrémité modifiée de la nervure principale. Il y a enfin des genres où les feuilles sont tout à fait composées-pennées[3], et l'on peut rencontrer sur une même plante des feuilles composées et des feuilles simples ; car il est fréquent, dans cette famille, que ces organes soient polymorphes, sur un même pied ou sur une même branche. Telle espèce peut donc avoir à la fois des feuilles simples et

---

1. R. Brown n'en cite qu'une : le *Symphyonema paludosum*.

2. Ce caractère ne paraît pas constant dans ce genre; il est un de ceux qui portent à penser que plusieurs *Helicia* océaniens pourraient bien appartenir au genre *Andripetalum*. L'étude des ovules suffit, dans ce cas, pour lever tous les doutes. C'est pour cela qu'il faut peut-être plutôt rapprocher des *Andripetalum* que des *Helicia* le genre *Cylindria* de Loureiro (*Fl. coch.*, ed. ulyssip., 1790, 69), qui a des feuilles opposées, des fleurs 4-mères, un périanthe double (?), et des étamines superposées aux divisions intérieures du périanthe. Ce genre a été attribué, par Koenig (in *Ann. of Bot.*, I, 392), aux Oléinées ; mais peut-être, d'après R. Brown (in *Trans. Linn. Soc.*, X, 224), par suite d'une confusion. Il ne nous paraît pas impossible que le *Cylindria* soit encore une Loranthacée ou une Olacinée ; car les *Helicia* n'ont pas, comme lui, un double périanthe.

3. Toutefois sans que les divisions soient ordinairement séparées les unes des autres par de véritables articulations.

entières, et d'autres feuilles très-divisées, qui rappellent celles d'une Légumineuse, d'une Araliacée ou même d'une Ombellifère. Le sommet des feuilles est souvent mucroné ou épineux. Leur surface supérieure est ordinairement glabre et lisse, tandis que l'inférieure est souvent couverte d'un duvet blanchâtre ou brunâtre. La forme des feuilles et l'état de leurs surfaces entraîne souvent aussi une distribution particulière des stomates [1] qui offrent ici une organisation toute spéciale. On sait, principalement par les recherches de M. H. Mohl, que, dans les Protéacées en général, les stomates sont fort petits et qu'ils sont situés, non à la surface de l'épiderme, mais au fond d'une sorte de sac ou de puits, égal en profondeur à l'épaisseur de l'épiderme, et dont l'orifice supérieur, circulaire ou elliptique, est sensiblement resserré. La nervation des feuilles est souvent aussi caractéristique. Elle est pennée, rarement palmée ; quelquefois les nervures secondaires rayonnent, à la base du limbe, ou à partir d'une certaine hauteur, comme les branches divergentes d'un éventail. Quant aux nervures d'ordre ultérieur, elles sont ordinairement agencées en un réseau délicat et élégant, parfois très-compliqué [2]. Souvent, au voisinage des fleurs, les feuilles dégénèrent en bractées formant involucre, de plus

---

1. Cette distribution dépend surtout de la forme du limbe. Quand celui-ci est plat, membraneux, les stomates se trouvent à la face inférieure seulement ; c'est ce qui se voit dans les *Agastachys*, *Cenarrhenes*, *Lambertia*, *Symphyonema*, *Stenocarpus*, *Lomatia*, *Banksia* et *Dryandra*. De même dans un grand nombre de *Grevillea*. Mais plusieurs espèces de ce genre ont des stomates aussi bien en dessus qu'en dessous des feuilles. Dans les *Orites* à feuilles aplaties, il n'y en a qu'en dessous ; dans ceux dont les feuilles sont cylindriques, il y en a partout. De même, toutes les surfaces des feuilles en portent dans les *Hakea*, *Petrophila*, *Conospermum*, *Franklandia*, *Stirlingia*, *Bellendena* ; mais le limbe ou ses divisions n'ont pas constamment une forme arrondie, cylindrique, et les stomates se rencontrent alors sur les deux faces dans les *Persoonia* et les *Synaphea*, qui cependant ont souvent un limbe aplati. Il y a longtemps qu'on a cité les *Protea* comme ayant exceptionnellement des feuilles pauvres en stomates, quoique leur limbe soit ferme et coriace.

2. C'est à ces caractères qu'on a cru souvent reconnaître, dans les couches géologiques, des feuilles appartenant à des plantes du groupe des Protéacées (voy. Ettingshausen, *Proteac. der Vorwelt*). De là une étude détaillée de la nervation, décrite de la façon suivante par M. de Saporta (in *Ann. sc. nat.*, sér. 4, XVII, 248) : « Les nervures tertiaires, toujours plus ou moins obliques par rapport aux nervures secondaires, se ramifient en se bifurquant jusqu'aux dernières subdivisions des veines ; le réseau qui résulte de la réunion des veinules ramifiées donne lieu à des mailles rhomboïdales, trapéziformes ou hexapentagonales, dont la finesse, la proportion et la régularité varient suivant les genres et les espèces. Ces veines tertiaires, obliques sur les secondaires, le sont plus ou moins, suivant que celles-ci sont elles-mêmes émises sous un angle plus ou moins ouvert le long de la médiane. » De là les feuilles se divisent en feuilles à nervures obliques (*Grevillea*, *Lomatia*, *Leucospermum*, etc.), et en feuilles à nervures secondaires émises à angle ouvert ou presque droit (*Xylomelum*, *Knightia*, *Banksia*). Ces considérations ont porté les paléontologues à admettre dans les Protéacées des types fossiles, notamment des *Leucadendrites*, *Banksites*, *Palæodendron*, *Lomatites*, *Knightites*, *Myricophyllum*, *Rhopalospermites* (Sap.), *Embothrites*, *Driandroides* (Ung.), puis de véritables *Grevillea* et *Hakea*. On donne les Protéacées comme « le type dicotylédoné le plus ancien de ceux dont il est possible de constater la présence à l'état fossile. » C'est dans l'étage sénonien du *Aachensandstein*, que la prépondérance de ce type est le plus accentuée, puisqu'on admet qu'il y compte une centaine d'espèces. Plus tard on trouve, dit-on, dans la série des terrains tertiaires, de véritables *Dryandra* ; puis les Protéacées commencent à diminuer de nombre et semblent céder la place aux Myricacées. (Voy. Sap., *op. cit.*, 298; XIX, 21, 58, 109; sér. 5, III, 19, 24, 30, 33, 55, 59, 95, 144).

en plus simples de forme, et de plus en plus colorées, rappelant beaucoup, par leurs teintes, leur rapprochement, leur imbrication et le rôle protecteur qu'elles jouent par rapport aux fleurs, les folioles de l'involucre des Composées et de quelques types analogues [1].

AFFINITÉS. — Placées par A. L. DE JUSSIEU parmi les Apétales, les Protéacées ont conservé ce rang pour tous les auteurs, jusqu'au jour où M. BRONGNIART [2], fondant l'Apétalie dans la Polypétalie, mit les Protéinées entre les Rhamnoïdées et les Daphnoïdées, c'est-à-dire tout à côté des trois classes qu'il appelle Myrtoïdées, Rosinées et Légumineuses. LINDLEY [3] range les Protéacées dans son Alliance XLI des *Daphnales*, immédiatement avant celle des *Rosales*, dont les principaux ordres sont les Rosacées, Pomacées, Drupacées, Fabacées et Chrysobalanées. Là les Protéacées sont en même temps réunies aux Lauracées et aux Thymélacées. Nous ne faisons aucune difficulté de reconnaître les nombreuses analogies qu'elles présentent avec certains types des deux dernières familles, non plus qu'avec un grand nombre de Santalacées, Loranthacées, Éléagnacées, etc. Mais nous pensons que c'est par leurs types les plus réduits, ceux que caractérisent la séparation des sexes, les ovaires uniovulés, les fruits indéhiscents et monospermes, que les Protéacées se rapprochent surtout de ces différents groupes. Par leurs types les plus élevés, dans lesquels nous trouvons des ovaires multiovulés [4], des fruits polyspermes, déhiscents suivant leur longueur, des graines sans albumen, une périgynie bien prononcée, et quelquefois même un androcée irrégulier et des feuilles composées-pennées, nous pensons que les Protéacées se relient surtout aux types arborescents, monopérianthés, parfois oligandres ou même diclines, à fleurs légèrement irrégulières ou même régulières, des Légumineuses, principalement des Cæsalpiniées.

———

Les usages des Protéacées [5] ne sont pas nombreux. Les espèces arborescentes fournissent de bon bois pour le chauffage ou pour les constructions : au Cap, les *Protea* [6]; au Brésil et à la Guyane, quelques

1. C'est plus par leurs involucres colorés que par leurs fleurs que la plupart des *Protea* produisent tant d'effet dans l'ornementation des serres et jardins d'hiver.

2. *Enum. des genr. de pl. cult.* (1843), 120.

3. *Veg. Kingd.*, 529.

4. Dans nos jardins, certaines Protéacées peuvent devenir anormalement pluricarpellées ; nous

avons observé ce fait dans le *Lambertia formosa* (voy. *Adansonia*, II, 292).

5. ENDL., *Enchirid.*, 217. — LINDL., *Veg. Kingd.*, 533. — ROSENTH., *Syn. pl. diaphor.*, 244, 1114.

6. Le *P. grandiflora* est le *Wagenboom* des colons du Cap; il sert, en effet, à fabriquer des roues de voiture.

Andripetalum [1], *Roupala* [2], *Adenostephanus* [3]; au Chili, certains *Embo-thrium* [4], *Lomatia* [5]; en Australie, quelques *Stenocarpus* [6]. Le *Darlingia spectatissima* et le *Cardwellia sublimis* [7] sont aussi d'énormes arbres australiens. L'écorce du *Protea grandiflora* passe au Cap pour un bon remède contre la diarrhée [8]. Plusieurs espèces de cette famille sont alimentaires par leurs fleurs et par leurs fruits. Les premières sécrètent quelquefois en abondance une matière sucrée. Les indigènes de l'Australie soutenaient autrefois avec cette sorte de miel, recueilli sur les *Banksia* [9], leur misérable existence. Au Cap, les *Protea*, notamment les *P. mellifera* et *speciosa*, laissent découler de leur inflorescence un miel analogue, recherché comme aliment et comme remède contre la toux [10]. Le fruit du *Brabejum stellatum*, assez analogue à une petite amande, renferm e une graine qu'on mange grillée, comme les châtaignes, au cap de Bonne-Espérance. Les graines du *Guevina Avellana* [11] se vendent comme des noisettes sur les marchés du Chili. Leur péricarpe s'emploie comme astringent et vermicide. Celui du *Brabejum* est grillé pour remplacer le café. L'*Helicia serrata* passe pour vénéneux dans l'Inde [12]. C'est surtout comme plantes d'ornement pour les serres froides et tempérées, que les Protéacées nous sont connues : on cultivait beaucoup au commencement de ce siècle, mais on recherche beaucoup moins de nos jours, sans doute à cause des difficultés que présente leur culture, les *Banksia*, *Protea*, *Lambertia*, *Grevillea*, *Hakea*, *Stenocarpus*, *Lomatia*, *Isopogon*, toutes plantes dont les fleurs sont charmantes; on cultive plutôt les *Roupala* pour l'élégance de leur feuillage.

1. Plusieurs *Helicia* de l'ancien monde, arbres dont le bois est utile et les graines comestibles, appartiennent sans doute à ce genre.

2. Surtout le *R. legalis* MART.

3. MART., *Fl. bras.*, *Prot.*, 100.

4. L'*E. coccineum* est le *Notro* ou *Ciruerillo* des Chiliens. (C. GAY, *Fl. chil.*, V, 307.)

5. Au Chili, on nomme le *L. ferruginea*, *Romerillo*, *Piune*, *Fuinque*; le *L. dentata*, *Pinol*, *Guarda fuego*; le *L. obliqua*, *Raral*, *Nogal*. (C. GAY, *op. cit.*)

6. Principalement le *S. salignus* R. BR.

7. F. MUELL., *Fragm.*, V, 23, 152.

8. Celle du *Leucospermum conocarpum* R. BR., ou *Kreupelboom* des colons du Cap, leur sert aux mêmes usages. Son bois, rougeâtre, est de bonne qualité.

9. Entre autres, les *B. æmula* R. BR., *cricifolia* L. FIL., *integrifolia* L. FIL., *serrata* L. FIL. et *spinulosa* SM.

10. Il y a une matière colorante jaune, d'après LINDLEY, dans les fleurs du *Persoonia macrostachya* et dans celles du *Petrophila brevifolia*.

11. *Avellana Guevuin*, *Nefuen* des Chiliens.

12. *Cajo Morsego* des Malais. Il tue, dit-on, les souris et les rats.

GENERA

I. EMBOTHRIEÆ.

1. Embothrium Forst. — Flores leviter irregulares hermaphroditi; perianthio gracili elongato, basi oblique inserto, hinc longitudinaliter fisso; foliolis 4, subæqualibus, valvatis, apice antherifero concavo dilatatis, demum revolutis. Stamina 4, foliolis perianthii opposita; filamentis subnullis; antheris ovato-oblongis, introrsum 2-rimosis. Discus hypogynus posticus semiannularis. Germen liberum stipitatum; ovulis ∞, placentæ posticæ 2-seriatim insertis, imbricatis, adscendentibus; micropyle extrorsum infera; chalaza aliformi; stylo gracili persistente, apice clavato verticaliter v. oblique (*Oreocallis*) stigmatoso. Folliculus oblongus v. cylindraceus (*Oreocallis*), 1-valvis. Semina ∞, compressa, adscendentia; chalaza in alam superiorem membranaceam pellucidam imbricatam producta; embryonis inferne siti, exalbuminosi carnosi, radicula recta infera. — Arbusculæ v. frutices; foliis alternis simplicibus integris; floribus in racemos cylindricos v. corymbiformes terminales dispositis; pedicellis in axilla bractearum singularum 2-nis. (*America austro-occ. et antarct.*) — *Vid. p.* 385.

2. Telopea R. Br.[1] — Flores fere *Embothrii*; perianthio sæpius supra fisso, 1-labiato. Discus hypogynus subannularis. Stylus apice stigmatoso oblique lateralis[2]. Folliculus et semina fere *Embothrii*. — Frutices; foliis alternis simplicibus integris v. dentatis; floribus in spicas breves corym-

---

1. In *Trans. Linn. Soc.*, X, 197; *Prodr. Fl. Nov.-Holl.*, 388; Suppl., 32. — Endl., *Gen.*, n. 2454. — Meissn., *Prodr.*, 446, 699.

— *Hylogyne* Knight et Salisb., *Proteaceæ* (1809), 126.

2. In *T. speciosissima* R. Br. persistens.

biformes dispositis; bracteis 2-floris; inflorescentiis involucro ∞-bracteato imbricato colorato munitis. (*Australia* [1].)

3. **Lomatia** R. Br. [2] — Flores hermaphroditi irregulares; perianthii 1-labiati foliolis 4 liberis secundis, apice antherifero recurvis. Antheræ 4, subsessiles muticæ. Glandulæ hypogynæ 3, secundæ, inæquales v. subæquales. Germen fere *Embothrii;* stylo persistente, apice stigmatoso obliquo v. lateraliter complanato. Folliculus subcylindricus v. compressus, 1, 2-valvis. Semina ∞, apice v. utrinque (*Amphiloma*) alata. — Arbusculæ v. frutices; foliis alternis, integris, dentatis v. pinnatim laciniatis, sæpe heteromorphis; floribus in racemos simplices ramososve, terminales v. axillares dispositis; pedicellis in axilla bractearum singularum 2-nis; involucro 0 [3]. (*Australia* [4], *America austro-occ.* [5])

4. **Stenocarpus** R. Br. [6] — Flores irregulares hermaphroditi (fere *Embothrii*); perianthii dorso fissi foliolis diu cohærentibus, demum disjunctis, apice dilatato concavo antheriferis. Antheræ sessiles muticæ. Glandula hypogyna semiannularis postica. Germen stipitatum; ovulis ∞, adscendentibus; stylo apice oblique dilatato, lateraliter stigmatoso. Folliculus cylindraceus. Semina ∞, adscendentia, basi alata, superne embryonem foventia; radicula brevi infera. — Arbores v. frutices; foliis alternis coriaceis integris v. laciniatis; floribus [7] in pedunculis axillaribus, terminalibus v. ligno ortis, umbellatis; bracteis 2-floris. (*Oceania* [8].)

1. Spec. 2. Gærtn. f., *Fruct.*, III, 214, t. 218. — Cav., *Icon.*, IV, 60, t. 388. — Labill., *Nouv.-Holl.*, I, 32, t. 44. — Reichb., *Fl. exot.*, t. 159 (*Embothrium*). — F. Muell., *Fragm. Phyt. Austral.*, II, 170; V, 39. — Walp., *Ann.*, I, 592.

2. In *Trans. Linn. Soc.*, X, 199; *Prodr.*, 389; Suppl., 33. — Endl., *Gen.*, n. 2155. — Meissn., *Prodr.*, 447. — *Tricondylus* Kn. et Salisb., *Prot.*, 121.

3. Genus *Embothrio* valde affine, perianthii dehiscentia et stigmatis forma tantum diversum. Sect. ex Endl. 2, scil. : 1. *Eulomatia*. Semina basi aptera; nucleo pulverulento (spec. australas. et 1 chilens.). — 2. *Amphiloma*. Semina utrinque alata; nucleo haud pulverulento (spec. austroameric.).

4. Spec. ad 7. Labill., *Nouv.-Holl.*, I, 31, t. 42, 43 (*Embothrium*). — Gærtn. f., *Fruct.*, III, 215, t. 218? — Poir., *Dict.*, Suppl., II, 550.—Cav., *Icon.*, IV, 60.—*Bot. Reg.*, t. 442.

— *Bot. Mag.*, t. 4023, 4110. — F. Muell., *Fragm.*, V, 39, 95, 153; VI, 191, 224.

5. Spec. ad 4. R. et Pav., *Fl. per.*, I, 62. — Cav., *Icon.*, IV, 59. — Hook. f., *Fl. antarct.*, 342. — C. Gay, *Fl. chil.*, V, 309. — Kl., in *Nov. Act. nat. cur.*, XIX, Suppl. I, 411.

6. In *Trans. Linn. Soc.*, X, 201; *Prodr.*, 390; Suppl., 34. — Endl., *Gen.*, n. 2156; Suppl., IV, p. II, 88. — Meissn., *Prodr.*, 450, 699. — *Cybele* Kn. et Salisb., *Prot.*, 123. — *Agnostus* A. Cunn. (ex Lindl., *Veg. Kingd.*, 534.)

7. Aurantiacis v. ochroleucis.

8. Spec. ad 10, quar. 4, 5 austro-caledonicæ; cæt. austral. Forst., *Gen.*, 16, t. 8, fig. a-f. — Lamk, *Ill.*, t. 55, fig. 1 (*Embothrium*). — Labill., *Sert.*, 21, t. 26. — Spreng., *Syst.*, I, 484 (*Cybele*). — Hook., *Journ.* (1854), 359; in *Bot. Mag.*, t. 4263. — F. Muell., *Fragm.*, I, 134, 234; III, 147; V, 154; VI, 224. — Br. et Gr., in *Ann. sc. nat.*, sér. 5, III, 204. — Walp., *Ann.*, I, 592; III, 333.

5. **Knightia** R. Br. [1] — Flores regulares hermaphroditi. Perianthium tubulosum, 4-foliolatum. Stamina 4, sepalis supra medium inserta, et iis revolutis exserta; filamentis brevibus; antheris linearibus; connectivo ultra loculos brevissime producto. Glandulæ 4, hypogynæ æquales. Germen sessile; ovulis 2-seriatim imbricatis, in serie utraque 2, 3, adscendentibus, anatropis; micropyle extrorsum infera; stylo recto, ad apicem subclavato. Folliculus coriaceus fusiformis; seminibus 2-4, adscendentibus, superne alatis. — Arbores fruticesve; foliis alternis simplicibus petiolatis integris dentatisve, penninerviis; floribus in racemos v. capitulos axillares dispositis; pedicellis in axilla bractearum singularum 2-nis. (*Oceania* [2].)

6. **Cardwellia** F. Muell. [3] — Perianthium fere *Stenocarpi;* basi obliqua. Antheræ subsessiles; loculis discretis; connectivo breviter apiculato. Glandulæ hypogynæ 4, crassæ liberæ, inæquales; posterioribus 2 paulo longioribus; 2 autem antero-lateralibus paulo altius insertis. Germen brevissime stipitatum; ovulis ∞ (ad 15) placentæ ferri equini forma, supra concavæ, insertis, anatropis adscendentibus; micropyle extrorsum infera; stylo recto gracili, apice stigmatoso oblique dilatato ellipsoideo et ad centrum prominulo. Folliculus...? — Arbor excelsa; foliis alternis pinnatis; floribus in racemos spiciformes dispositis; pedicellis in axilla bractearum singularum 2-nato-concretis. (*Australia* [4].)

7. **Darlingia** F. Muell. [5] — Flores fere *Cardwelliæ*, regulares; perianthio basi obliquo, ad apicem antheriferum dilatato. Antheræ subsessiles oblongæ apiculatæ. Glandulæ 4, oblique insertæ; posterioribus 2 altius sitis. Germen sessile; ovulis ∞, placentæ ferri equini brevis forma insertis, hemitropis adscendentibus; micropyle extrorsum infera; stylo gracili deciduo, apice clavato stigmatoso. « Folliculus 4-spermus; seminibus erectis planis circumcirca alatis, prope basin marginis anterioris pericarpii geminatim paulo superpositis; embryonis exalbuminosi radicula infera. » — Arbor; foliis alternis simplicibus

1. In *Trans. Linn. Soc.*, X, 193. — Endl., *Gen.*, n. 2151; Suppl., IV, p. II, 88. — Meissn., *Prodr.*, 442, 699.

2. Spec. 3, quar. 1 v. 2 dubiæ austro-caledonicæ, scil. *Embothrium strobilinum* Labill. (*Nouv.-Holl.*, II, 116; — *K. integrifolia* A. Cunn., in *Ann. nat. Hist.*, I, 378, not.; — Br. et Gr. *loc. cit.*,

208); tertia autem novo-zelandica, quæ *K. excelsa* R. Br. (*loc. cit.*, 194, t. 2; — Raoul, *Ch. de pl.*, 42; — Hook. f., *Fl. N.-Zeal.*, 219).

3. *Fragm. Phyt. Austral.*, V, 23.

4. Spec. 1. *C. sublimis* F. Muell., *loc. cit.*, 24.

5. *Fragm. Phyt. Austral.*, V, 152.

oblongis lanceolatisve, integris v. supra medium pinnatifidis ; floribus in spicas elongatas dispositis, in axilla bractearum singularum 2-nis ; pedicello brevissimo indiviso [1]. (*Australia or.*[2])

8. **Buckinghamia** F. MUELL.[3] — « Flores fere *Grevilleæ ;* perianthio 1-lateraliter valde recurvo, demum delapso. Antheræ subsessiles muticæ ; loculis divergentibus. Glandula hypogyna fere semiannulata. Germen pluriovulatum ; stylo filiformi deciduo, apice laterali-orbiculari stigmatoso. Folliculus subsessilis, oblique orbiculari-ovatus compressus, breviter rostratus, 3-6-spermus ; seminibus adscendentibus circumcirca anguste alatis. — Arbor ; foliis alternis ovato-lanceolatis integris ; floribus [4] in racemos elongatos dispositis ; pedicellis 2-nis minute 1-bracteolatis [5]. » (*Australia* [6].)

9. **Grevillea** R. BR. — Flores hermaphroditi ; perianthio 4-fido v. 4-foliolato deciduo, hinc regulari v. subregulari (*Anadenia*), apice globoso (*Manglesia*), inde sæpius reflexo v. recurvo, inde irregulari (*Eugrevillea*) ; foliolis valvatis, apice dilatato concavo antheriferis et diu cohærentibus. Antheræ sessiles v. subsessiles, ovatæ v. oblongæ, introrsæ, muticæ v. vix apiculatæ. Discus hypogynus, sæpius dimidiatus posticus, rarius fere annularis v. minimus v. 0. Germen stipitatum ; stipite nunc perianthio adnato (*Plagiopoda*), v. rarius sessile, sæpe postice ventricosum ; ovulis 2, collateraliter adscendentibus, anatropis ; v. hemitropis ; micropyle extrorsum infera ; stylo sublaterali, arcuato v. recto, rarius abbreviato, ad apicem disciformi, plano, concavo, convexo, conico, lateraliter plerumque v. oblique sulcato stigmatoso. Folliculus lignosus coriaceusve, ovatus v. subglobosus, mucronatus v. stylo persistente rostratus, lævis, verrucosus v. echinatus, 1-2-valvis. Semina 1 (altero abortivo) v. sæpius 2, ovata v. subrotunda, insymmetrica, invicem compressa, aptera v. 1-lateraliter ala membranacea carnosulave cincta, rarius undique latius alata (*Cycloptera*) ; embryonis carnosi exalbuminosi radicula infera. — Frutices v. rarius suffrutices arboresve ; foliis alternis, planis v. teretibus integris v. varie divisis ; floribus in racemos simplices v. ramosos, terminales v. axillares dispositis, rarius solitariis v. 2-nis ;

1. Gen. potius ad sect. *Cardwelliæ*, seminibus et foliis distinct., reducend. ?
2. Spec. 1. *D. spectatissima* F. MUELL., *loc. cit.* — *Helicia Darlingiana* F. MUELL., *Fragm.*, V, 24.
3. *Fragm. Phyt. Austral.*, V, 247.

4. « Albidis, valde fragrantibus. »
5. « Gen. a *Grevillea* seminum pluritate discedens... Stirps ad *Grevilleas* facile trahenda, characteribus tunc G. *Hillii* proxima. » (F. MUELL.) — *Grevilleæ* autem omnes notæ 2-ovulatæ.
6. Spec. 1. *B. celsissima* F. MUELL., *loc. cit.*

pedicellis in axilla bractearum singularum 2–nis, rarius solitariis v. pluribus. (*Oceania, imprim. Australas.*) — *Vid. p.* 389.

10. **Hakea** Schrad.[1] — Flores hermaphroditi; perianthio fere *Grevilleæ*, sub anthesi hinc 1–labiato, inde deciduo toto. Antheræ 4, sessiles muticæ v. breviter apiculatæ[2]. Discus hypogynus postice dimidiatus, integer v. rarius 2–lobus. Germen stipitatum; ovulis 2 (*Grevilleæ*); stylo gracili, apice dilatato stigmatoso obliquo v. conico. Folliculus oblongus v. sæpius ovatus ventricosus gibbusve, rarius globosus, lævis v. tuberculatus, echinatus cristatusve; loculo excentrico 1, 1–spermo, 2–valvi; valvis crassis lignoso–corticatis, apice cornutis, hamatis v. muticis. Semina compressa, inæquali–membranaceo–alata, sæpius insymmetrica, dorso lævia v. sæpius rugosa, cristata, tuberculata v. echinata[3].— Arbusculæ rigidæ v. frutices; foliis alternis coriaceis teretibus v. planis, integris v. dentatis laciniatisve, sæpe polymorphis; floribus in racemos v. fasciculos plerumque axillares dispositis; inflorescentiis prima ætate gemmiformibus, squamis scariosis imbricatis deciduis involucratis; bracteis 2–floris. (*Australasia*[4].)

11 ? **Molloya** Meissn.[5] — « Perianthium basi obliquum... Discus hypogynus semiannularis... Germen stipitatum villosum; stipite hinc perianthio adnato...; stylo recto, apice suborbiculari obtuse umbonato lateraliter stigmatoso... Folliculus coriaceus–lignosus lanceolato-oblongus, utrinque attenuatus glaber, 5-6–costatus, 1–valvis, 1–spermus. — Frutex; foliis alternis integerrimis coriaceis; floribus axillaribus solitariis pedunculatis[6]. » (*Australia occ.*[7])

12. **Orites** R. Br.[8] — Flores regulares hermaphroditi. Perianthium breve; foliolis lineari-angustis liberis recurvis, deciduis. Stamina 4,

1. *Sert. hannov.*, 27, t. 17. — R. Br., in *Trans. Linn. Soc.*, X, 178; *Prodr.*, 381; Suppl., 25.— Endl., *Gen.*, n. 2144.— Meissn., *Prodr.*, 393, 699. — *Conchium* Sm., in *Trans. Linn. Soc.*, IV, 215. — Gærtn. f., *Fruct.*, III, 217, t. 219.

2. Pollen, ut in *Grevillea*, 3-gonum, ex H. Mohl (in *Ann. sc. nat.*, sér. 2, III, 314).

3. Unde gener. fit divis. artific.

4. Spec. ad 100. Cav., *Icon.*, VI, 24, t. 533-535. — Gærtn., *Fruct.*, I, 221, t. 47, fig. 2 (*Banksia*); III, 216, t. 217 (*Lambertia*). — Andr., *Bot. Repos.*, t. 215 (*Embothrium*). — Meissn., *Prodr.*, *loc. cit.*, 394-420.--F. Muell., *Fragm.*, I, 20; IV, 49, 130; V, 25, 72; VI, 189, 214.

5. *Prodr.*, 348. — *Fitchia* Meissn., in *Hook. Journ.* (1855), 75 (nec Hook.).

6. Gen. incert., *Grevilleæ*, ut videt., et *Persooniæ* affin. Huic proxima videtur *Strangea* (Meissn., in *Hook. Journ.* (1855), 66; *Prodr.*, 348), cui flores axillares solitarii ignoti et folliculus spongioso-coriaceus ovali-oblongus, 2-valvis; semine solitario (?) longe alato. Spec. 1 austral. (*S. linearis* Meissn.).

7. Spec. 1. *M. cynanchicarpa* Meissn., *loc. cit.* — *Grevillea ? cynanchicarpa* Meissn.

8. R. Br., in *Trans. Linn. Soc.*, X, 189; *Prodr.*, 387; Suppl., 31. — Endl., *Gen.*, n. 2147. — Meissn., *Prodr.*, 423. — *Tropocarpa* Don, mss. (ex Meissn.).

supra medium inserta; filamentis crassis perianthio adnatis; antheris subsessilibus muticis. Glandulæ hypogynæ 4, breves. Germen sessile; ovulis 2, anatropis; stylo gracili stricto, ad apicem stigmatosum leviter incrassato continuo verticali. Folliculus coriaceus. Semina 1, 2, apice (*Euorites*[1]) v. utrinque (*Amphiderris*[2]) alata. — Arbores fruticesve; foliis alternis planis v. teretibus coriaceis, integris v. dentatis; floribus in spicas breves terminales axillaresque dispositis; bracteis 2-floris. (*Australia*, *Tasmania*[3].)

13. Carnarvonia F. Muell.[4] — « Flores subregulares; perianthii foliolis fere æqualibus, demum vage revolutis. Stamina 4; filamentis perianthio adnatis, apice liberis; antheris oblongo-linearibus apiculatis, introrsum rimosis. Discus 0. Germen 2-ovulatum; stylo brevi subulato deciduo; stigmate minuto terminali. Fructus stipitatus lignoso-crustaceus, 2-valvis. Semina 2, sursum longe alata. — Arbor; foliis alternis petiolatis, quinato-foliolatis v. passim 3-4-foliolatis, nunc rachi superne extensa pinnatis; foliolis integris, repando-serratis v. ex parte pinnatisectis; floribus parvis sparsis et 2-nis[5]. (*Australia or.*[6])

14. Xylomelum Sm.[7] — Flores (fere *Manglesiæ*), polygami. Stamina 4, sepalis revolutis, exserta; antheris subsessilibus linearibus; connectivo ultra loculos breviter producto. Squamulæ hypogynæ 4. Pistillum fere *Oritis* (in flore masculo plus minus abortivum); ovulis 2 collateralibus latere adfixis, anatropis adscendentibus; micropyle extrorsum infera; chalaza in alam angustatam producta. Folliculus ovato-oblongus tomentosus; pericarpio crassissimo ligneo, excentrice 1-loculari, demum dehiscente. Semina superne longe alata; embryonis carnosi radicula infera. — Arbores; foliis oppositis simplicibus coriaceis; spicis axillaribus dentifloris; floribus in axilla bractearum singularum 2-nis; inferioribus hermaphroditis; superioribus masculis. (*Australia*[8].)

1. ENDL., *op. cit.*, Suppl., IV, 2, 87.

2. R. BR., *Prodr.*, Suppl., 32. — *Oritina* R. BR., in *Trans. Linn. Soc.*, X, 224.

3. Spec. 4, 5. A. RICH., *Voy. Astrol.*, 70, 71, t. 25. — F. MUELL., *Def. rar. pl.* (1855), 31, n. 26. — MEISSN., in *Hook. Journ.* (1852), 209.

4. *Fragm.*, VI, 81, 248, 250, 254.

5. Gen., ex cl. F. MUELL., simul *Heliciæ*, *Grevilleæ*, *Telopeæ* et *Embothrio* cognatum.

6. Spec. 1. *C. aralifolia* F. MUELL., *loc. cit.*, t. 55, 56.

7. In *Trans. Linn. Soc.*, IV, 214. — R. BR., in *Trans. Linn. Soc.*, X, 189; *Prodr.*, 387; Suppl., 31. — ENDL., *Gen.*, n. 2146; *Icon.*, t. 47, 48. — MEISSN., *Prodr.*, 422.

8. Spec. 4. GÆRTN., *Fruct.*, I, 220, t. 47, fig. 1 (*Banksia*). — LAMK, *Dict.*, VIII, 810; *Ill.*, t. 54, fig. 4. — CAV., *Icon.*, IV, 25, t. 536 (*Hakea*). — W., *Enum.*, I, 141 (*Conchium*). — HOOK., *Icon.*, t. 446. — MEISSN., in *Pl Preiss.*, I, 580. — KIPP. et MEISSN., in *Hook. Journ.* (1852), 209. — F. MUELL., *Fragm.*, IV, 110; V, 174, 214; VI, 220.

15. Helicia Lour. [1] — Flores regulares hermaphroditi, fere *Lambertiæ* (v. *Xylomeli*); perianthii foliolis 4 demum revolutis; antheris subsessilibus perianthio insertis, linearibus v. ovatis, muticis apiculatisve. Glandulæ 4 hypogynæ liberæ v. plus minus connatæ. Germen sessile v. stipitatum breve; ovulis 2, adscendentibus anatropis; micropyle extrorsum infera; stylo ad apicem clavato. Fructus coriaceo-lignosus, indehiscens. Semen subglobosum apterum exalbuminosum. — Arbores v. frutices; foliis alternis (v. oppositis?) simplicibus; floribus in racemos axillares v. terminales dispositis; pedicellis in axilla bractearum singularum 2-nis, liberis v. plus minus alte connatis. (*Asia trop. cont. et ins., Australia* [2].)

16. Lambertia Sm. [3] — Flores regulares hermaphroditi; perianthii tubulosi, 4-fidi, laciniis staminiferis, demum spiraliter revolutis. Antheræ 4, subsessiles lineares acuminatæ. Squamulæ hypogynæ 4, liberæ v. in vaginam connatæ. Germen stipitatum; ovulis 2, descendentibus suborthotropis; stylo longo gracili recto, apice sulcato subulato stigmatoso. Folliculus coriaceo-lignosus compressus acuminatus, apice muticus v. dilatatus, 2-cornis, sæpe echinatus. Semina 1, 2, marginata. — Frutices; ramis sæpe subverticillatis; foliis alternatim verticillatis integris v. dentatis apiculatis; floribus solitariis v. subcapitatis terminalibus; involucro circa flores colorato e bracteis ∞, inæqualibus imbricatis, caducis, constante. (*Australia* [4].)

17. Roupala Aubl. [5] — Flores regulares hermaphroditi. Perianthium rectum cylindricum subclavatum; foliolis valvatis, apice concavo antherifero demum recurvis, deciduis. Stamina exserta; filamentis brevissimis; antheris muticis v. breviter apiculatis. Glandulæ hypogynæ 4,

1. *Fl. cochinch.*, ed. 1790, 83 (nec Pers.). — R. Br., *Prodr.*, Suppl., 32.— Bl., in *Ann., sc. nat.*, sér. 2, I, 211.—Endl., *Gen.*, n. 2150. — Meissn., *Prodr.*, 430, 699. — *Castronia* Noronh., *Rel. pl. Jav.*, in *Tijdschr. voor Nat. en Phys.*, VIII, 414? (ex Hassk.). — *Helittophytum* Bl., *Bijdr.*, 652.

2. Spec. ad 20. R. Br., in *Trans. Linn. Soc.*, X, 91, n. 4-6 (*Rhopala*).—Présl, *Epim.*, 247. — Sieb. et Zucc., *Fl. jap. fam.*, II, 74. — Benn., *Pl. jav. rar.*, 81, t. 18. — F. Muell., *Fragm.*, II, 91; III, 37; IV, 191, 224; V, 24, 38, 152, 186; VI, 84, 107, 174 (part.). — Miq., in *Ann. Mus. lugd.-bat.*, I, 204.

3. In *Trans. Linn. Soc.*, IV, 214, t. 20. — R. Br., in *Trans. Linn. Soc.*, X, 188; *Prodr.*,

386; Suppl., 30. — Endl., *Gen.*, n. 2145. — Meissn., *Prodr.*, 420.

4. Spec. ad 10. Hook., *Icon.*, t. 553. — Wendl., *Sert.*, IV, 5, t. 21 (*Protea*). — Lindl., *Swan Riv.*, 32. — Meissn., in *Pl. Preiss.*, II, 263. — Dietr., *Fl. univ.*, n. Folg., t. 73. — F. Muell., *Fragm.*, VI, 248, 255.

5. *Guian.*, I, 33, t. 32 (1775).— J., *Gen.*, 79. — Lamk, *Dict.*, VI, 316; *Ill.*, t. 55. — Gærtn., *Fruct.*, III, 212, t. 217. — *Leinkeria* Scop., *Introd.* (1777), n. 1607. — *Rhopala* Schreb., *Gen.*, n. 144 (1789-91). — R. Br., in *Trans. Linn. Soc.*, X, 190 (part.).— Endl., *Gen.*, n. 2148. — Meissn., *Prodr.*, 424, 699. — *Rupala* Vahl, *Symbol.*, III (1794), 20. — *Ropala* Rudg., *Guian.*, I, 26, t. 39.

liberæ, sæpe contiguæ[1]. Germen sessile; ovulis 2, orthotropis v. suborthotropis, collateraliter descendentibus; micropyle infera; stylo erecto, apice clavato stigmatoso. Folliculus lignoso-coriaceus compressus lævis, 1-locularis. Semina 2, valde compressa oblonga, ala tenui membranacea undique cincta; embryonis centralis radicula infera. — Arbores v. frutices; foliis alternis, hinc simplicibus, raro integris, inde imparipinnatis; floribus in racemos axillares terminalesve, solitarios v. fasciculatos dispositis; pedicellis in axilla bractearum singularum 2-nis, liberis v. semiconnatis. (*America centr. et austr. cisandin.*[2])

18. **Andripetalum** Schott.[3] — Flores regulares hermaphroditi; perianthii foliolis demum revolutis deciduis. Stamina 4. Squamæ hypogynæ 4, liberæ v. in urceolum 4-dentatum connatæ. Germen subsessile; ovulis 2, descendentibus suborthotropis[4]; stylo gracili ad apicem leviter incrassato. Drupa fere exsucca, 1-sperma, indehiscens. Seminis exalbuminosi embryo carnosus; radicula infera. — Arbores; foliis alternis v. oppositis simplicibus; floribus in racemos terminales axillaresque, simplices v. rarius parce ramosos, dispositis. (*America trop.*[5], *Australia*[6].)

19. **Guevina** Mol.[7] — Flores leviter irregulares hermaphroditi. Perianthium oblique insertum, deciduum; foliolis apice dilatato concavo antheriferis dissimilibus; erecto 1; 3 autem revolutis. Stamina 4, breviter apiculata. Glandulæ hypogynæ 2, anticæ. Germen subsessile; ovulis 2, orthotropis collateraliter descendentibus; stylo erecto gracili, apice oblique dilatato ovali convexo stigmatoso. Fructus subdrupaceus. Semen 1, subglobosum; cotyledonibus orbiculatis plano-convexis cras-

---

1. Pollinis granula 3-gona, angulis papillosis, occurrunt in *R. serrata, heterophylla, rhombifolia.* (H. Mohl, in *Ann. sc. nat.*, sér. 2, III, 314.)

2. Spec. ad 35, quarum 1 mexicana. R. et Pav., *Fl. per.*, t. 98, 99 (*Embothrium*). — H. B. K., *Nov. gen. et spec.*, II, 152, t. 118-120. — Pohl, *Pl. bras.*, I, 106, t. 86, 88, 90. — Pœpp. et Endl., *Nov. gen. et spec.*, II, 35, t. 149. — Kl., in *Linnæa*, XV, 54; XX, 473; in *Hook. Journ.*, IV, 326. — Moric., *Pl., nouv. Amér.*, 172, t. 100.—Meissn., in *Mart. Fl. bras.*, Prot., 79, t. 31-33. (Spec. 1 describitur austro-caledonia, scil. *R. Vieillardi* Br. et Gr., in *Ann. sc. nat.*, sér. 5, I, 345. Sed plantæ genus, fructu hucusque ignoto, valde dubium remanet.)

3. Ex Endl., *Gen.*, n. 2149; Suppl., IV, p. II, 82. — Meissn., *Prodr.*, 345, 698. — *Andria-petalum* Pohl, *Pl. bras.*, I, 114, t. 91, 92. — ? *Panopsis* Salisb. (ex Meissn.).

4. Gen. unde imprim. ab *Helicia* distinguitur.

5. Spec. 8-10. H. B. K., *Nov. gen. et spec.*, II, 154, t. 121 (*Rhopala*).—A. Rich., in *Mém. Soc. hist. nat. par.*, I, 106 (*Roupala*). — Kl., in *Linnæa*, XV, 53; XX, 471. — Meissn., in *Mart. Fl. bras.*, Prot., 77.

6. Spec. nonnullæ sub *Helicia* hucusq. descript. (vid. H. Bn, in *Adansonia*, IX, fasc. 8).

7. *Chil.*, 198; ed. 2, 279.—J., *Gen.*, 424. — R. Br., in *Trans. Linn. Soc.*, X, 48, 165.— Eschsch., in *Mém. Acad. Pétersb.*, X, 281. — Endl., *Gen.*, n. 2140. — Meissn., *Prodr.*, 347, 698. — *Nebu* Feuill., *Chil.*, III, 46, t. 33. — *Quadria* R. et Pav., *Prodr.*, 16; *Fl. per. et chil.*, 1, 63, t. 99, fig. b. — Gærtn. f., *Fruct.*, III, 220, t. 220. — *Avellana* Gærtn. f., loc. cit.

sissimis; radicula brevi infera. — Arbor; foliis alternis imparipinnatis; foliolis dentatis; floribus in racemos axillares dispositis; pedicellis in axilla bractearum singularum 2-nis, alte connatis. (*Chili* [1].)

20. **Bellendena** R. Br. [2] — Flores regulares hermaphroditi. Perianthii foliola 4, æqualia, libera, patentia, caduca. Stamina 4, hypogyna, libera; antheris basifixis oblongis, introrsum 2-rimosis. Germen stipite brevi articulatum, 1-loculare; ovulis 2, orthotropis subsuperpositis descendentibus; stylo apice obtuso, 1-sulcato v. subintegro stigmatoso. Fructus siccus obovato-compressus, hinc infra apicem stylo persistente adpresso hamatus, indehiscens; margine altero subalato. Semina 1, 2; embryonis carnosi radicula infera. — Frutex; foliis alternis incisodentatis; floribus in racemos terminales pedunculatos dispositis; pedicellis alternis solitariis v. raro 2-nis; bracteis 0. (*Tasmania* [3].)

II. BANKSIEÆ.

21. **Banksia** L. FIL. — Flores regulares hermaphroditi; perianthii recti v. demum incurvi, marcescentis diuque persistentis, foliolis 4, liberis v. basi connatis, apice antherifero dilatatis concavis et diu cohærentibus. Antheræ 4, subsessiles lineares, muticæ v. apiculatæ, introrsum 2-rimosæ. Squamulæ hypogynæ 4. Germen sessile; ovulis 2, collateraliter adscendentibus, lateraliter insertis, hemitropis; micropyle extrorsum infera; stylo gracili, sæpe subulato, recto v. falcato, sæpe plus minus incurvo; convexitate extus a perianthio fisso prominula; ad apicem clavato v. cylindraceo, rarius sub apice repente nodoso incrassato, plerumque sulcato. Folliculi lignosi, inflorescentiæ rachi incrassata lignosa plus minus immersi, compressi, 2-loculares; dissepimento libero lignoso, 2-fido, e seminum integumentis connatis formato; demum 2-valves. Semina in locellis singulis 1, apice cuneato-alata; nucleo dissepimenti lacunæ semiimmerso. — Arbores fruticesve; foliis alternis v. verticillatis, rigidis coriaceis, planis v. revolutis subteretibus, integris v. sæpius dentatis v. pinnatifidis; floribus in spicas strobiliformes ovatas

---

1. Spec. 1. *G. Avellana* MOL., *loc. cit.* — C. GAY, *Fl. chil.*, V, 312. — *Quadria heterophylla* R. et PAV., *loc. cit.*

2. In *Trans. Linn. Soc.*, X, 48, 166; *Prodr.*, 374; Suppl., 16. — GUILLEM., *Icon. lith.*, t. 7. — MEISSN., *Prodr.*, 347. — *Bellendenia* ENDL., *Gen.*, n. 2141.

3. Spec. 1. *B. montana* R. BR., *loc. cit.*

v. cylindraceas, terminales v. laterales, dispositis; bracteis 2-floris;
bracteolis 2, floribus superioribus. (*Australia.*) — *Vid. p.* 392.

22. Dryandra R. Br. [1] — Flores regulares hermaphroditi; perianthii
foliolis æqualibus, liberis v. basi connatis, apice antherifero dilatatis.
Antheræ 4, subsessiles, breviter apiculatæ [2]. Squamulæ hypogynæ 4.
Germen sessile; ovulis 2, post fecundationem intus cohærentibus
et plerumque dissepimentum spurium formantibus; stylo gracili, basi
sæpe articulato, sæpius recto, apice cylindrico clavatove, lævi v. sulcato
stigmatoso. Folliculus lignosus; dissepimento membranaceo libero,
2-fido, v. 0; seminibus apice alatis. — Arbusculæ v. frutices; ramis sparsis
v. umbellatis; foliis alternis coriaceis serratis, lobatis v. pinnatifidis,
rarius integris; floribus capitatis; capitulis terminalibus v. lateralibus
sessilibus involucratis. (*Australia austr.* [3])

23 ? Hemiclidia R. Br. [4] — « Flores regulares hermaphroditi.
Perianthium 4-fidum; laminis concavis antheriferis. Squamulæ 4, hypogynæ. Germen 1-loculare; ovulis 2, collateralibus, testa invicem cohærentibus in dissepimentum arachnoideum simplex (nec in lamellas
2 separabile), cum ovulo abortiente basi alato ab ovulo altero matures-
cente solutum. Folliculus subcrustaceus, undique barbatus. Semen 1,
ventricosum apterum. — Frutex; foliis et habitu *Dryandræ*; involucro
imbricato; capituli receptaculo plano. » (*Australia* [5].)

III. PERSOONIEÆ.

24. Persoonia Sm. — Flores regulares hermaphroditi [6]. Perianthium
4-merum, raro hinc gibbum; foliolis liberis v. plus minus alte connatis;
marginibus valvatis v. leviter involutis. Stamina ad medium foliolorum
perianthii insertis; filamentis filiformibus, sæpius brevibus; antheris

1. In *Trans. Linn. Soc.*, X, 211, t. 3;
Prodr., 396; Suppl., 37 (nec Thunb.). — Endl.,
Gen., n. 2158. — Meissn., *Prodr.*, 467, 700.
— *Josephia* Kn. et Salisb., *Prot.*, 110.

2. Pollen, ex R. Brown, ut in *Banksia,*
ellipticum.

3. Spec. ad 50. Lindl., *Swan Riv.*, 33. —
Kipp., in *Hook. Journ.* (1855), 121. — Meissn.,
in *Hook. Journ.* (1852), 210; (1855), 120; in
Plant. Preiss., I, 265, 595; II, 267. —
F. Muell., *Fragm.*, V, 185; VI, 93.

4. *Prodr.*, Suppl., 40. — Endl., *Gen.*,
n. 2159. — Meissn., *Prodr.*, 481.

5. Spec. 1. *H. Baxteri* R. Br., *Prodr.*,
Suppl., 40. — Meissn., in *Pl. Preiss.*, I, 691. —
Bot. Reg., t. 1455. — *Dryandra falcata* R. Br.,
in *Trans. Linn. Soc.*, X, 213.

6. Rarissime polygami.

linearibus, exsertis; connectivo producto apiculatis, v. submuticis. Glandulæ 4 hypogynæ liberæ. Germen stipitatum v. sessile; ovulis 1, rarius 2, descendentibus orthotropis; stylo gracili exserto, recto v. curvo, apice obtuso v. capitato stigmatoso. Fructus drupaceus: endocarpio 1, 2-loculari; seminibus 1, 2; embryonis carnosi radicula infera. — Arbusculæ fruticesve; foliis alternis (rarius passim oppositis), integris planis v. acerosis; floribus, aut axillaribus solitariis paucisve, aut raro (ob folia ad bracteas reducta) in racemos terminales dispositis. (*Australia*, *Nova-Zelandia*.) — *Vid. p.* 395.

25. **Symphyonema** R. Br.[1] — Flores fere *Persooniæ*; perianthii 4-partiti decidui foliolis æqualibus valvatis. Stamina perianthio ad medium adnata; filamentis demum sub antheris liberis cohærentibus. Germen breviter stipitatum; ovulis 1, 2, orthotropis descendentibus; stylo apice stigmatoso. Fructus nucamentaceus, 1-spermus. — Suffrutices v. herbæ; foliis alternis, v. inferioribus oppositis, 3-fido-laciniatis; floribus in spicas axillares terminalesque dispositis; bracteis cucullatis persistentibus, 1-floris. (*Australia*[2].)

26. **Faurea** Harv.[3] — Flores regulares hermaphroditi; perianthii foliolis æqualibus; 1 mox a cæteris 3 disjuncto; perianthium unde 2-labium; stylo inter labia erumpente. Stamina 4; filamentis brevibus intus concavis; antheris oblongis muticis; loculis 2, parallele discretis, rimosis. Glandulæ hypogynæ 4, triangulari-subulatæ æquales. Germen sessile; ovulo 1, suborthotropo oblique descendente; stylo recto, apice subclavato. Nux ovata barbata, stylo persistente diu caudata, longitudine lineari-4-costata. — Frutex; foliis alternis simplicibus; floribus in spicas terminales dispositis, 1-bracteatis[4]. (*Africa austr*[5].)

27. **Brabejum** L.[6] — Flores regulares polygami; perianthii foliolis 4, linearibus liberis, deciduis. Stamina 4. Discus hypogynus continuus.

---

1. In *Trans. Linn. Soc.*, X. 48, 157; *Prodr.*, 370; Suppl., 11. — Endl., *Gen.*, n. 2137. — Meissn., *Prodr.*, 327.

2. Spec. 2. Rœm. et Sch., *Syst.*, Mant., III, 273. — Reichb., *Hort. bot.*, II, 3, t. 107. — Endl., *Iconog.*, t. 12. — F. Muell., *Fragm.*, VI, 223.

3. In *Hook. Journ.*, VI, 373, t. 15. — Endl., *Gen.*, n. 2139[1] (Suppl., IV, p. II, 82). — Meissn., *Prodr.*, 344.

4. Gen. hinc *Andripetala*, a quibus imprimis ovulo solitario, inde *Leucosperma* abyssinica, a quibus ovulo descendente orthotropo differt, nonnihil referens.

5. Spec. 1. *F. saligna* Harv., *loc. cit.*

6. *Gen.*, n. 85. — J., *Gen.*, 79. — Lamk, *Dict.*, 459; Suppl., 1, 694; *Ill.*, t. 847 B. — R. Br., in *Trans. Linn. Soc.*, X, 48, 164. — Endl., *Gen.*, n. 2139. — Meissn., *Prodr.*, 344. — *Brabyla* L., *Mantiss.*, 137.

Germen sessile; ovulo 1, descendente suborthotropo; stylo gracili, ad apicem verticaliter stigmatosum clavato. Drupa exsucca compressiuscula villosa, 1-sperma. — Arbor; foliis verticillatis simplicibus dentatis; floribus in racemos axillares dispositis; bracteis plurifloris. (*Africa austr*[1].)

28. **Cenarrhenes** Labill.[2] — Flores regulares hermaphroditi (fere *Persooniæ*); calycis foliolis 4, liberis æqualibus, deciduis. Stamina 4, basi perianthii inserta; antheris apiculatis. Glandulæ hypogynæ 4, cum staminibus alternantes. Germen sessile; ovulo 1, descendente orthotropo; stylo capitato stigmatoso. Drupa; putamine durissimo; embryone exalbuminoso crasso. — Arbores glabræ; foliis alternis rigide coriaceis planis subeveniis nitidis; floribus in spicas terminales axilla-resque dispositis; bracteis sæpius 1-floris. (*Oceania*[3].)

29. **Agastachys** R. Br.[4] — Flores regulares hermaphroditi (fere *Persooniæ*); perianthii foliolis 4, elongatis æqualibus liberis, deciduis. Stamina perianthio ad medium adnata; filamentis brevibus; antheris elongatis muticis. Discus hypogynus 0. Germen sessile, 3-gonum; ovulo 1, descendente orthotropo; stylo gracili, apice dilatato subclavato compresso, 2-fido, lateraliter stigmatoso. Fructus...? — Frutex glaber; foliis alternis coriaceis; floribus[5] in spicas numerosas axillares terminalesque multifloras dispositis; bracteis alternis concavis, 1-floris. (*Tasmania*[6].)

IV. FRANKLANDIEÆ.

30. **Franklandia** R. Br. — Flores regulares hermaphroditi; perianthii hypocraterimorphi tubo cylindrico recto persistente; limbo 4-fido deciduo; laciniis acutatis, induplicato-valvatis, deciduis. Stamina 4, medio perianthio insertis; filamentis valde complanatis antherisque

1. Spec. 1. *B. stellatifolium* L., *Spec.*, ed. 2, 177; *Mantiss.*, 332. — *B. stellulifolium* L., *Syst.*, XIII, 764. — *B. stellatum* Thunb., *Prodr. Fl. cap.*, 34; *Fl. cap.*, 156. — *Brabyla capensis* L., *Mantiss.*, 137.

2. *Nouv.-Holl.*, 36, t. 50. — R. Br., in *Trans. Linn. Soc.*, X, 158; *Prodr.*, 371; *Suppl.*, 12. — Lamk, *Dict.*, VIII, 855; *Suppl.*, V, 522; *Ill.*, t. 914. — Endl., *Gen.*, n. 2137. — Meissn., *Prodr.*, 328.

3. Spec. 3 : 1 tasmanica, quæ *C. nitida* (Labill., *loc. cit.*), foliis obtuse dentato-serratis; 2 autem austro-caledonicæ, foliis subintegris (Br. et Gr., in *Ann. sc. nat.*, sér. 5, III, 203).

4. In *Trans. Linn. Soc.*, X, 158; *Prodr.*, 371; *Suppl.*, 11. — Endl., *Gen.*, n. 2136. — Meissn., *Prodr.*, 328.

5. « Flavescentibus. »

6. Spec. 1. *A. odorata* R. Br., *loc. cit.*

elongatis, 2-locularibus, longitudinaliter 2-rimosis, perianthii tubo
adnatis. Germen longe obconicum, basi valde angustatum ; ovulo 1,
fere e summo loculo appenso, orthotropo ; stylo fusiformi, ad apicem
longe attenuato ; summo apice subcapitato stigmatoso. Nucula perianthii
basi cincta stipitata, obconica ; apice concavo, extus pappigero ; semine
exalbuminoso ; embryonis carnosi cotyledonibus brevissimis. — Frutex
glaber, undique verrucoso-glandulosus ; foliis alternis dichotomo-laciniatis ;
laciniis tereti-filiformibus ; floribus in racemos axillares dispositis paucis,
singulis 1–2–bracteatis ; pedicellis crassis rigidis brevibus. (*Australia.*)
— *Vid. p.* 396.

V. PROTEÆ.

31. **Protea** L. — Flores hermaphroditi ; perianthio elongato, valvato,
sub anthesi 2-labio ; foliolis 3, in labium cohærentibus ; quarto libero
reflexo v. revoluto. Stamina 4, opposita ; filamentis brevibus ; antheris
basifixis linearibus ; loculis linearibus parallele discretis, introrsum rimosis ; connectivo ultra loculos in apiculum subulatum v. obtusum
producto. Squamulæ hypogynæ 4. Germen 1-loculare ; ovulo 1, adscendente subanatropo ; micropyle extrorsum infera ; stylo gracili subulato
persistente, basi sæpius compresso, apice subulato, cylindraceo v. ge-
niculato subarticulato stigmatoso. Nux barbata, stylo persistente,
duriusculo coronata. — Frutices arbusculæve ; foliis alternis sessilibus
v. petiolatis coriaceis rigidis ; floribus capitatis ; capitulis terminalibus
v. lateralibus, globosis, hemisphericis v. oblongis, squamis coriaceis imbricatis, sæpe coloratis, persistentibus involucratis ; paleis sub floribus
singulis persistentibus, liberis v. in alveolas plus minus connatis. (*Africa
trop. or. et austr.*) — *Vid. p.* 397.

32. **Leucospermum** R. Br. [1] — Flores fere *Proteæ* ; perianthio
regulari, demum 2-labio ; unguibus 3, v. rarius 4, cohærentibus. Stamina 4 ; antheris ovatis v. oblongis apiculatis ; filamentis brevibus, sæpe
sub apice late dilatatis. Squamulæ hypogynæ 4. Germen breve ; ovulo
1, adscendente hemitropo, lateraliter adfixo ; stylo deciduo, ad apicem
stigmatosum hinc subulato, angulari v. sulcato, inde longe conico

---

1. In *Trans. Linn. Soc.*, X, 48, 95.— ENDL.,
Gen., n. 2124. — MEISSN., *Prodr.*, 253, 698.
— *Conocarpodendron* BOERH., *Lugd.-bat.*, II,
196, 198 (part.).— *Diastella* SALISB., ex ENDL.,
loc. cit. — *Scolymocephalus* WEINM., *Phyt.*, IV,
292.

v. incrassato clavato, rarius oblique turbinato truncatoque. Nux sessilis ventricosa lævis, 1-sperma. — Arbusculæ v. frutices; foliis alternis sessilibus planis v. involutis, nervosis v. enerviis, integris v. ad apicem calloso-dentatis; floribus in spicas cylindricas (*Rochetia*[1]) v. sæpius subglobosas dispositis; bracteis circa flores imbricatis in involucrum approximatis, raro deciduis (*Rochetia*), sæpius supra receptaculum fastigiatis, post anthesin immutatis deciduis (*Diastella*[2]) v. induratis (*Conocarpodendron*) et circa fructus persistentibus. (*Africa austr.*, or [3].)

33 ? Mimetes SALISB. [4] — Flores fere *Proteæ;* perianthio regulari. Antheræ 4, apiculatæ. Squamulæ hypogynæ 4. Germen sessile; ovulo 1, anatropo; stylo filiformi. Nux ventricosa lævis. — Frutices; foliis alternis sessilibus, planis v. cucullatis, integris v. calloso-dentatis; floribus capitatis; capitulis axillaribus v. rarius terminalibus, hinc folio superiore cucullato amplexis, inde sæpius involucro colorato cinctis; paleis deciduis v. 0 [5]. (*Africa austr* [6].)

34. Aulax BERG. [7] — Flores regulares v. subregulares diœci. Perianthium 4-foliolatum, in flore masculo lineari-tubulosum, in fœmineo crassius basique latius; marginibus introflexis. Stamina 4; antheris in flore masculo effœtis, in fœmineo longioribus, 2-locularibus, rimosis. Germen sessile, in flore masculo effœtum, in fœmineo ovatum; ovulo 1, hemitropo latere adfixo; micropyle infera; stylo attenuato, in flore masculo valde compresso, in fœmineo lateraliter 2-labio stigmatoso. Nux exserta barbata, 1-sperma. — Frutices glabri; foliis alternis; floribus masculis in

1. MEISSN., *Prodr.*, 261 (sect. III).

2. MEISSN., *loc. cit.*, 259 (sect. II).

3. Spec. ad 24. LAMK, *Ill.*, t. 53 (*Protea*). — L., *Spec.*, I, 93; *Mantiss.*, 191. — THUND., *Diss.*, 38; *Fl. cap.*, 126.—ANDR., *Bot. Repos.*, t. 17. — KNIGHT, in *Loud. Encycl.*, ed. 1, 82. — BUCK., in *Drèg. Docum.*, 85. — KL., in *Krauss Beitr.*, 140. — A. RICH., in *Compt. rend. Acad. Par.* (1851), I, 229; in *Ann. sc. nat.*, sér. 3, XV, 369; *Fl. abyss. Tent.*, II, 232.—WALP., *Ann.*, III, 327.

4. *Par. lond.*, 67. — R. BR., in *Trans. Linn. Soc.*, X, 48, 103. — ENDL., *Gen.*, n. 2125. — MEISSN., *Prodr.*, 262. — *Lepidocarpodendron* BOERH. (part.): — *Hypophyllocarpodendron* BOERH. (part.). — *Conophorus* PETIV., *Mus.*, 62 (part.). — *Scolymocephalus* HERM., *Afr.*, 20 (part.). — *Orothamnus* PAPPE, ex *Bot. Mag.*, t. 4357.

5. Gen. vix satis a *Leucospermo* distinct., in sect. 3, nonnunquam vix rite limitatas, divid., scil.: 1. *Eumimetes*. Capitulis axillaribus ovatooblongis, sæpius spicam comosam foliosam formantibus; foliis planis, apice calloso-dentatis. — 2. *Orothamnus*. Capitulis terminalibus solitariis; receptaculo paleis villosissimo; foliis integerrimis planis. — 3. *Pseudomimetes* (ENDL.). Capitulis terminalibus (*Orothamni*) solitariis parvis; floribus parvis; foliis parvis patulis v. subulato-filiformibus.

6. Spec. ad 15. L., *Mantiss.*, 188. — THUND., *Diss.*, 55; *Fl. cap.*, 136 (*Protea*). — BERG., in *Act. holm.* (1766), 324 (*Leucadendron*).— POIR., *Dict.*, Suppl., IV, 568 (*Protea*). LAMK, *Ill.*, 1, 239 (*Protea*).

7. BERG., *Pl. cap.*, 33.— R. BR., in *Trans. Linn. Soc.*, X, 48, 49.— ENDL., *Gen.*, n. 2119. — MEISSN., *Prodr.*, 211.— *Conophorus* PETIV., *Gazoph.*, III, 458 (part.). — *Scolymocephalus* HERM., *loc. cit.* (part.).

racemos terminales nudos graciles dispositis; fœmineis capitatis, squamis subulatis v. foliiformibus involucratis et ramulis brevibus, 1-floris, sæpe cinctis. (*Africa austr.* [1])

35 ? **Dilobeia** Dup.-Th. [2] — Flores regulares diœci. Floris masculi perianthium 4-foliolatum; foliolis acutis, valvatis. Stamina 4, hypogyna; filamentis brevibus erectis; antheris oblongis; connectivo apiculato; loculis 2, introrsum rimosis. Germen liberum effœtum; stylo lineari-compresso longitudinaliter sulcato. Flores fœminei fructusque ignoti. — Arbor excelsa; foliis alternis petiolatis longe cordatis, basi angustata 3-plinerviis venosis coriaceis glabris; nervo primario apice, inter lobos 2, in glandulam terminalem producto; floribus crebris in spicas ramosas ad axillas foliorum rami superiorum dispositis; bracteis 1-floris. (*Madagascaria* [3].)

36. **Leucadendron** Herm. [4] — Flores regulares diœci; perianthii foliolis 4, liberis v. ima basi connatis. Antheræ 4, in flore fœmineo steriles, hinc lineares glandulæformes, inde 2-loculares; loculis effœtis; in flore masculo polliniferæ, introrsum 2-rimosæ. Squamulæ hypogynæ 4. Germen sæpe compresso-3-gonum; ovulo 1, hemitropo v. anatropo adscendente; stylo gracili, apice subclavato v. oblique capitato stigmatoso. Nux aptera v. samaroidea, 1-sperma. — Arbores v. frutices; foliis sessilibus v. petiolatis simplicibus integris, nonnunquam heteromorphis (sæpe sericeis); floribus terminalibus capitatis; involucro pluri-v. 1-seriali; bracteis foliaceis v. rarius coloratis, sæpe demum in fructu sublignosis, basi subconnatis. (*Africa austr.* [5])

37. **Nivenia** R. Br. [6] — Flores regulares hermaphroditi; perianthii foliolis apice dilatato antheriferis, deciduis. Antheræ 4, subsessiles [7].

---

1. Spec. 2. L., *Spec.*, ed. 1, 91 (*Leucadendron*). — Thunb., *Diss.*, 43, 46; *Fl. cap.*, 128 (*Protea*).— L. fil., *Suppl.*, 118.— Burm., *Afr.*, 193, t. 70, fig. 3 (*Protea*). — Lamk, *Ill.*, I, 237.—Poir., *Dict.*, Suppl., V, 650 (*Protea*). — Andr., *Bot. Repos.*, t. 248 (*Protea*).

2. *Gen. nov. madag.*, 21. — Endl., *Gen.*, n. 6846. — H. Bn, in *Adansonia*, IX, fasc. 8.

3. Spec. 1 v. 2. Rœm. et Sch., *Syst.* III, 476, n. 580.

4. Ex Pluken., *Phyt.*, t. 200, fig. 1. — R. Br., in *Trans. Linn. Soc.*, X, 48, 50. — Endl., *Gen.*, n. 2120.—Meissn., *Prodr.*, 212, 698. — *Leucadendros* Herm., *Cat. Pluk.* —
Conocarpus Adans., *Fam. des pl.*, II, 284. — *Argyrodendron* Comm., *Hort.*, II, 51, t. 26. — *Gissonia* Salisb., *Par. lond.*, t. 57.— *Chasme* Salisb., *loc. cit.*— *Euryspermum* Salisb., *loc. cit.*, t. 75.

5. Spec. ad. 60. L., *Mantiss.*, 194 (*Protea*). — Thunb., *Fl. cap.*, 130 (*Protea*). — Berg., in *Act. holm.* (1766), 324 (*Protea*). — Lamk, *Ill.*, I, 234. — Poir., *Dict.*, Suppl., IV, 455 (*Protea*).

6. In *Trans. Linn. Soc.*, X, 48, 133. — Endl., *Gen.*, n. 2127.— Meissn., *Prodr.*, 299. 698. — *Paranomus* Salisb., *Par. lond.*, 67.

7. Breviter apiculatæ.

Squamulæ hypogynæ 4. Germen sessile; ovulo 1, adscendente anatropo; stylo basi articulato deciduo, apice subclavato sulcato verticaliter stigmatoso. Nux sessilis ventricosa, 1-sperma. — Frutices erecti; foliis alternis coriaceis integris v. partitis; floribus in spicas terminales cylindricas v. capituliformes dispositis; bracteis 1-floris v. sæpius 4-floris; floribus capitulorum singulorum involucratis. (*Africa austr.* [1])

38 ? Sorocephalus R. Br [2]. — Flores *Niveniæ*. Nux breviter stipitata v. basi emarginata ventricosa, 1-sperma. — Frutices erecti; foliis alternis rigidis linearibus v. planis, integris, v. inferioribus 2-pinnatifidis; floribus capitatis; capitulis 1-6-floris, in spicas terminales capitatas congestis; involucro capitulorum singulorum 3-6-phyllo imbricato, fructifero haud mutato [3]. (*Africa austr* [4].)

39. Serruria Salisb [5]. — Flores (fere *Niveniæ*) regulares v. leviter irregulares hermaphroditi; perianthii tubulosi foliolis 4, liberis, apice antherifero dilatatis. Antheræ 4, subsessiles, muticæ v. breviter apiculatæ. Squamulæ hypogynæ 4, sæpe minutæ. Germen subsessile; ovulo 1, anatropo lateraliter affixo, adscendente; stylo gracili deciduo, apice clavato v. cylindraceo sulcato verticaliter stigmatoso. Nux breviter stipitata, ovata v. ventricosa, barbata v. glabriuscula, styli basi nunc rostrata, 1-sperma. — Frutices, adspectu fere *Petrophilæ;* foliis alternis [6]; floribus capitatis; capitulis terminalibus v. in summis axillis pedunculatis, solitariis corymbosis v. rarius in capitulum compositum congestis, involucratis v. rarius nudis. (*Africa austr* [7].)

1. Spec. ad 12. L., *Suppl.*, 116 (*Protea*).— Thunb., *Diss.*, n. 12 ; *Fl. cap.*, 125 (*Protea*). —Lamk, *Ill.*, I, 511. — Poir., *Dict.*, Suppl., V, 663 (*Protea*). — Roem. et Sch., *Syst.*, III, 388.

2. In *Trans. Linn. Soc.*, X, 48, 139. — Endl., *Gen.*, n. 2128.— Meissn., *Prodr.*, 303. —*Soranthe* Salisb., *loc. cit.* — *Spatalla* Salisb., *loc. cit.*, 67 (part.).

3. Gen. vix sat a *Nivenia* distinctum, cujus fors. pot. pro sect. habend. (?), in sect. 2 dividid., scil. : 1. *Mischocaryon* (Endl.). Spica nudiuscula ; involucris partialibus 1-3-floris ; nuce breviter stipitata ; foliis filiformibus, integris ;— 2. *Cardiocaryon* (Endl.). Spicis subinvolucratis ; involucris 4-6-floris ; nuce basi emarginata ; foliis planis v. filiformibus, infimis raro 2-pinnatifidis.

4. Spec. 22. Thunb., *Diss.*, t. 3, 5 (*Protea*). — Andr., *Bot. Repos.*, t. 527 (*Protea*). — Poir., *Dict.*, Suppl., IV, 576 (*Protea*). — Spreng., *Syst.*, I, 470.— Roem. et Sch., *Syst.*, III, 389.

5. *Par. lond.*, 67. — R. Br., in *Trans. Linn. Soc.*, X, 48, 112.— Endl., *Gen.*, n. 2126. — Meissn., *Prodr.*, 283, 698. — *Serraria* Burm., *Afr.*, 264.— *Holderlinia* Neck., *Elem.*, I, 106 (part.).

6. Indivisis v. 2, 3-fidis.

7. Spec. ad 55. Thunb., *Fl. cap.*, 121 (*Protea*). — L., *Spec.*, ed. 1, 93 (*Protea*). — Lamk, *Dict.*, V, 658 (*Protea*). — Poir., *Dict.*, Suppl., IV, 570 (*Protea*). — Andr., *Bot. Repos.*, t. 264, 349, 447, 507, 512. — Roem. et Sch., *Syst.*, III, 375. — Loud., *Encycl.*, ed. 1, 82.

40. Petrophila R. Br [1]. — Flores fere *Niveniæ ;* squamulis hypogynis 0. Germen sessile ; ovulo 1, lateraliter inserto, hemitropo v. descendente suborthotropo ; stylo gracili, basi persistente, apice fusiformi v. sub apice incrassato et circa medium constricto-articulato, toto v. ad apicem hispidulo. Nucula alata v. aptera compressa, ventre, basi v. margine pilosa, 1-sperma. — Frutices ; foliis alternis tereti-filiformibus, raro planis ; floribus [2] capitatis ; capitulis axillaribus terminalibusque, globosis v. ovoideis, raro cylindraceis ; bracteis induratis persistentibus, liberis v. connatis [3]. (*Australia* [4].)

41. Isopogon R. Br. [5] — Flores fere *Petrophilæ ;* stylo gracili, cylindraceo v. fusiformi, continuo v. sub apice dilatato, sæpius circa medium constricto-articulato, hinc glabro, inde in articulo inferiore puberulo. Nux sessilis aptera, undique comosa, 1-sperma. — Frutices ; foliis alternis rigidis, teretibus v. planis ; floribus capitatis ; capitulis strobiliformibus terminalibus axillaribusve ; foliis summis approximatis subverticillatis capitula involucrantibus [6]. (*Australia* [7].)

42. Spatalla Salisb. [8] — Flores irregulares hermaphroditi ; perianthii foliolis 4, inæqualibus, deciduis, apice antherifero dilatatis ; superiore sæpius majore. Stamina 4 ; filamentis brevibus ; antheris ovatis, apiculatis ; posteriore sæpius majore. Germen subsessile ; ovulo 1, ascendente anatropo ; stylo gracili deciduo, apice oblique dilatato stigmatoso.

1. In *Trans. Linn. Soc.*, X, 48, 67 ; *Prodr.*, 363 ; Suppl., 1. — Endl., *Gen.*, n. 2121. — Meissn., *Prodr.*, 267. — *Petrophile* Kn. et Salisb., *Prot.*, 92. — *Atylus* Salisb. (part.).

2. Albis v. flavis, sæpe sericeo-villosis.

3. Sect. ex Endl. 4, scil. : 1. *Arthrostigma.* Stigmate articulato ; nuce intus marginibusque angustatis comosa ; fructus squamis distinctis.— 2. *Petrophile.* Stigmate haud articulato ; nuce et squamis ut in *Arthrostigmate.*— 3. *Symphyolepis.* Stigmate haud articulato ; fructibus samaroideis ; squamis connatis.—4. *Xerostole.* Stigmate haud articulato ; fructibus samaroideis ; squamis distinctis.

4. Spec. ad 50. Lindl., *Swan Riv.,App.*, 35. — Meissn., in *Pl. Preiss.*, I, 495 ; II, 246 ; in *Hook. Journ.* (1855), 67. — Kipp., in *Hook. Journ.* (1855), 67. — F. Muell., *Fragm*, VI, 242, 255.

5. In *Trans. Linn. Soc.*, X, 48, 70 ; *Prodr.*, 365 ; Suppl., 7. — Kn. et Salisb., *Prot.*, 93. — Endl., *Gen.*, n. 2122. — Meissn., *Prodr.*, 276. — *Atylus* Salisb., *loc. cit.* (part.).

6. Gen. *Petrophilæ* valde affine. Inter utrumque genus discrimen his fere verbis optime posuit cl. F. Mueller (*Fragm.*, VI, 246). Calyx *Petrophilæ* sæpe , *Isopogonis* nunquam in sepala solutus. Tubus in *Petrophila* omnino deciduus, in *Isopogone* fere ad maturitatem persistens. Bracteolæ ætate lignescentes in *Petrophila*, nec in *Isopogone*. Fructus compressi ciliati in *Petrophila*, æqualiter turgescentes, basi v. undique villosi in *Isopogone*. Styli basis tenera defrangit in *Isopogone*, in *Petrophila* valida persistit. Pericarpium *Isopogonis* membranaceum, *Petrophilæ* crustaceum v. cartilagineum. Cotyledones in *Petrophila* latiores , in *Isopogone* longiores ovatæ v. ellipticæ.

7. Spec. ad 30. Lindl., in *Bot. Reg.* (1842), *Misc. not.*, 39 ; *Swan Riv.*, 34. — Meissn., in *Pl. Preiss.*, I, 504 ; in *Hook. Journ.* (1852), 182 ; (1855), 69. — F. Muell., *Fragm.*, VI, 236.

8. *Par. lond.*, 67 (part.). — R. Br., in *Trans. Linn. Soc.*, X, 48, 143. — Endl., *Gen.*, n. 2129. — Meissn., *Prodr.*, 306.

Nux breviter stipitata. — Frutices ericoidei ; foliis alternis filiformibus ; floribus in spicas v. racemos terminales dispositis ; pedicellis 1-4-floris, involucratis ; foliolis sæpius inæqualibus et in labia 2 connatis ; labio superiore sæpius majore integro (1-foliolato) ; inferiore autem (e foliolis 3 constante) 3-dentato v. 3-fido ; lacinia media lateralibus sæpius angustiore [1]. (*Africa austr.*[2])

43. **Adenanthos** Labill.[3] — Flores regulares v. subregulares ; perianthii foliolis 4, elongatis rectis v. curvatis, paulo supra basin demum circumcissis. Antheræ 4, subsessiles. Squamulæ hypogynæ 4, perianthii basi persistenti adnatæ, apice complanato acutato tantum liberæ. Germen sessile ; ovulo 1, descendente anatropo ; stylo gracili, basi articulato, perianthio longiore [4], apice cylindraceo v. subclavato verticaliter stigmatoso. Nux sessilis ventricosa, 1-sperma. — Frutices ; foliis alternis integris v. apice dentatis partitisve ; laciniis sæpe ad apicem callo v. glandula munitis ; floribus pedunculatis axillaribus solitariis v. terminalibus subumbellatis ; involucro sub perianthio 3-8-phyllo imbricato. (*Australia* [5].)

VI. STIRLINGIEÆ.

44. **Stirlingia** Endl. — Flores regulares hermaphroditi v. polygami ; perianthii foliolis 4, apice patentibus reflexis. Stamina 4, supra medium perianthio inserta ; filamentis brevibus, sub apice geniculatis ; antheris demum exsertis, 2-locularibus, introrsum rimosis, primo inter se cohærentibus, mox liberis. Germen (in flore masculo rudimentarium v. effœtum) sessile ; ovulo 1, adscendente anatropo ; stylo gracili glabro, apice dilatato stigmatoso. Nux obconica pilosa, 1-sperma. —Frutices v. suffrutices ; foliis iterato-dichotomis ; petiolis basi dilatatis ; floribus capitatis ; capitulis pedunculatis solitariis v. sæpius racemosis ; involucro parvo v. 0 ; bracteis 1-floris. (*Australia.*) — *Vid. p.* 399.

1. Sect. 2, ex Endl., *loc. cit.*, scil. : 1. *Coilostigma*. Perianthio inæquali ; stigmate concavo cochleariformi ; involucro 1-floro.—2. *Cyrtostigma*. Perianthio vix inæquali ; stigmate convexiusculo ; involucro plurifloro.

2. Spec. 17. L., *Spec.*, ed. 1, 91 (*Leucadendron*)?. — Thunb., *Fl. cap.*, 127 (*Protea*). — Poir., *Dict.*, Suppl., IV, 577 (*Protea*). — Roem. et Sch., *Syst.*, III, 392.

3. *Nouv.-Holl.*, I, 28, t. 36-38. — R. Br., in *Trans. Linn. Soc.*, X, 48, 151 ; *Prodr.*, 367 ; Suppl., 9. — Endl., *Gen.*, n. 2130.— Meissn., *Prodr.*, 310.

4. Inde arcuato v. plicato.

5. Spec. ad 15. Lehm., *Pl. Preiss.*, I, 512, II, 148.—Lindl., *Swan Riv.*, n. 182.—Meissn., in *Pl. Preiss.*, I, 512 ; II, 148 ; in *Hook. Journ.* (1852), 183. — F. Muell., *Fragm.*, VI, 204.

45. Conospermum Sm. — Flores hermaphroditi regulares irregularesve; perianthio tubuloso v. postice gibbo (*Isomerium*); limbo, aut æqualiter 4-partito (*Chilurus, Isomerium*), aut sæpius 2-labio; foliolo postico fornicato v. subgaleato; anticis 3 in labium 3-fidum connatis. Stamina 4; filamentis brevibus limbi basi insertis; antheris dissimilibus; anterioris regularis loculis 2 abortivis sterilibus; posterioris [loculis 2 fertilibus; lateralium loculis dissimilibus; antico sterili; postico autem fertili cumque loculo proximo antheræ posterioris cohærente loculumque spurium in alabastro constituente, mox secedente. Germen liberum, horizontaliter truncatum; ovulo 1, descendente orthotropo; stylo apice oblique dilatato stigmatoso. Nux papposa, 1-sperma. — Frutices; foliis alternis integris, planis v. teretibus; floribus spicatis v. capitatis; inflorescentiis axillaribus terminalibusve, simplicibus v. ramosis corymbosisve; bracteis 1-floris persistentibus. (*Australia.*) — *Vid. p.* 400.

46. Synaphea R. Br. — Flores irregulares (fere *Conospermi*) resupinati; perianthii foliolo postico latiore; stamine postico sterili; staminum lateralium loculo postico sterili. Germen *Conospermi;* ovulo 1, descendente orthotropo; stylo hinc antheræ sterili adnato, inde acuto v. 2-corni. Nux papposa. — Frutices; foliis alternis integris v. incisolobatis; petioli basi semivaginante; floribus in spicas axillares v. terminales, simplices v. ramosas dispositis; bracteis 1-floris cucullatis persistentibus. (*Australia austr.*) — *Vid. p.* 402.